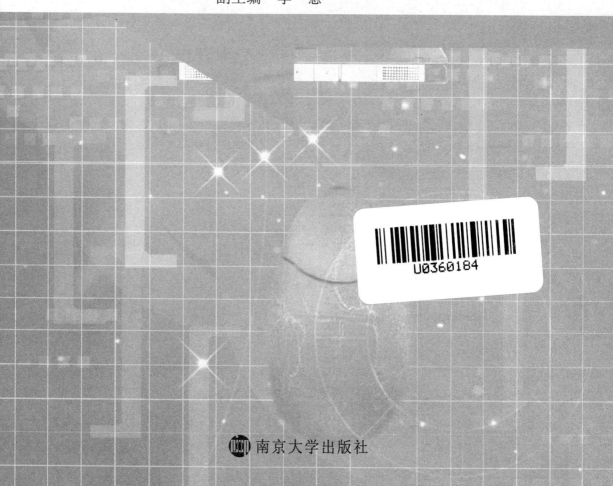

应用型本科院校"十二五"规划教材

面向对象程序设计(C++)
实验指导

主 编　李尤丰　李勤丰

副主编　李　慧

南京大学出版社

前　言

面向对象程序设计语言区别于面向过程程序设计语言。本书可以作为相关 C++书的配套实验教材,也可作为初学 C++编程者的参考书。本书集结了 C++相关知识点,配有针对性的训练环节。

本书内容分两部分,第一部分内容主要是:

知识要点及举例:主要介绍 C++相关知识概念以及相应知识点,给出编程实例,从概念到应用,深入浅出地讲解,以便读者更好地理解面向对象的一些程序设计知识。

实验:建议安排实验环节的学时及内容。此部分内容经过笔者几轮循环教学的对比和删选,具有典型性,实验可以达到比较好的教学效果。每个实验附有实验学时,作为开设 C++实验课程的参考学时。

习题:作为读者掌握知识要点的训练环节。内容覆盖面大,涉及各章节提及的每个知识点,有助于初学者的巩固和复习。

第二部分内容是实验环节的详细实验内容及报告形式,可作为高等院校面向对象程序设计(C++)实验的实验报告册。

本书电子资料包括:① 知识要点中各举例的源代码;② 实验内容的参考答案代码;③ 习题参考答案。如有需要,请与作者联系索取,Email:cnlyf@jit.edu.cn

本书由李尤丰、李勤丰主编,李慧副主编。由于时间仓促,加上作者水平有限,难免存在疏漏之处,恩请读者批评指正。

编　者

目 录

第一部分 C＋＋实验指导及习题

第二部分　C++实验报告册

第一部分

C＋＋实验指导及习题

第 1 章　C++基础程序设计

1.1　知识要点

C++语言是从 C 语言发展而来的,所以 C++语言既有 C 语言面向过程的特点,又有自己特有的面向对象程序设计方法特点。本章对于 C++语言中与 C 语言雷同的部分不再赘述,重点强调面向过程设计程序时 C++语言区别于 C 语言的知识点,以帮助读者更好地理解 C++语言。本章主要介绍了面向对象的一些基本概念,C++标准的简单介绍,函数的使用,const 的简单用法,引用,多文件结构等。后续章节会陆续介绍 C++语言面向对象程序设计方法的特点。

1.1.1　面向对象程序设计的基本概念和特点

1. 什么是类?

类是对一组具有共同特性和行为的对象的抽象描述,是一种数据类型。

2. 什么是对象?

对象是一组数据以及对这组数据的操作的集合体。

3. 类与对象的关系是什么?

对象是类的实例。

4. 对象与对象之间如何通信?

通过消息机制实现对象之间通信。

5. 面向对象程序设计的 4 大特点是什么?

抽象性、封装性、继承性和多态性。

6. 面向对象程序设计的每个特点的概念是什么?

抽象性:类是对一组具有共同特性和行为的对象的抽象描述,所以体现为抽象性。

封装性:将对象属性和方法结合在一起,并通过设置可见性,来尽量屏蔽一些对象的内部细节。

继承性:从已有类可以导出新类,新类具有原有类所有的属性和方法(构造函数和析构函数除外),并具有自己特有的属性和方法。这样可以大大减少代码的重复,体现了类的清晰的层次结构。

多态性:同样的消息被不同类型的对象接收时导致完全不同的行为。C++支持静态多态(函数重载和运算符重载)和动态多态(虚函数)。

1.1.2　简单 C++程序设计

1. 简单 C++程序设计

例如:

```
#include<iostream>
```

```
using namespace std;
int main()
{
    cout<<"hello!"<<endl;
    return 0;
}
```

该程序涉及知识内容:文件包含,名空间,输出语句等。

2. 名空间

(1) 什么是名空间?

所谓名空间 namespace,是指标识符的各种可见范围。C++标准程序库中的所有标识符都被定义于一个名为 std 的 namespace 中。

(2) 名空间有什么作用?

namespace 是为了解决 C++中的名字冲突而引入的,名字空间实质上是一个作用域。

3. 作用域运算符::

顾名思义就是一个变量或函数的作用域。

4. 输入和输出(cin 和 cout)

(1) cin,cout 有什么作用?

可以实现输入和输出。

(2) cin,cout 从哪里来的? 运算符">>"和"<<"是什么?

来自标准的 I/O 流(iostream),其中输入流"cin>>" 表示流入,可以实现输入;输出流"cout<<",表示流出,可以实现输出。例如:

cin>>a; cout<<"a="<<a;

5. 输入和输出格式控制

(1) 在 C++中输入和输出格式如何控制?

可以通过流状态来操纵输入输出格式。

(2) 常用的流状态举例:

① cout<<showpos<<9;　　　　// 输出:+9

② cout<<hex<<16<<" "<<showbase<<16;　// 输出:10　0x10

③ cout<<hex<<255<<" "<<uppercase<<255;　　// 输出:ff　FF

④ cout<<123.0<<" "<<showpoint<<123.0;　// 输出:123　123.000

⑤ cout<<(2>3)<<" "<<boolalpha<<(2>3);　　// 输出:0　false

⑥ cout<<fixed<<12345.678;　　　　　// 输出:12345.678000

⑦ cout<<scientific<<123456.78;　　　　// 输出:1.2345678e+05

(3) 带参数的三个常用流状态:width(int)、fill(char)、precision(int)。例:

#include<iomanip>

……

cout<<setw(6) <<setfill('$')<<27<<endl;　　// 输出:$ $ $ $27

6. 字符数组和标准 C++库处理字符串

(1) 字符数组

C 语言中往往用字符数组或者字符指针来处理字符串,例如:

```
char str[ ]="Hello!";
char *p="hi";
```

C 语言中字符串不能直接比较,例如:"join"=="join"会出错;C 中用字符串处理函数来实现串的大小比较,例如:char * str1="good"; char * str2="good";通过 strcmp(str1,str2)==0 来判断字符串相等。

常用的字符串处理函数有:

```
strcpy(s1, s2); //从 s2 拷贝到 s1,返回指向 s1 的指针
strcmp(s1, s2); //比较 s1 与 s2
strcat(s1, s2); //连接 s2 到 s1,返回字符指针
strrev(s);       //将 s 倒排,返回字符指针
strset(s, 'c'); //将 s 全置为 c,返回字符指针
strstr(s, "ell"); //查找 s 中的子串,返回位置字符指针,或空指针
strchr(s,'i'); //查找 s 中的字符,返回位置字符指针,或空指针
```

另外字符指针操作 C 串时,会有影响操作的安全性因子,例如数组空间够不够大,指针有没有指向一个操作空间等。例如:

```
char * str1;
char * str2 = new char[5];
strcpy(str2, "each");
strcpy(str1,str2);          // 错:str1 没有空间可存储
strcpy(str2, "friend");     // 错:str2 空间不够大
str2 = "friend";// 错:原来的空间脱钩,导致溢出
```

(2) 标准 C++库处理字符串

C++中定义了 string 类,string 类中定义了一些字符串的基本操作,非常方便。

例如:

```
string a, s1="Hello";
string s2="123";
a=s1;                           // 字符串的复制
cout<<(a==s1? " ":" not")<<"equal\n"; // 字符串的比较
cout<<a+s2<<endl;                    // 字符串的连接
reverse(a.begin(), a.end());         //将字符串倒置
cout<<a<<endl;
cout<<a.replace(0,9,9,'c')<<endl;    // 设置字符串
cout<<(s1.find("ell")! =-1 ? " ":"not ")<<"found\n"; // 查找字符串
cout<<(s1.find('c')! =-1 ? " ":"not ")<<"found\n"; // 查找字符
```

(3) 在 C++程序中,有时出现♯include<string. h>,有时出现♯include<string>,有时出现♯include<cstring>是怎么回事?

<string. h>是旧的 C 头文件,对应的是基于 char * 的字符串处理函数;

<string>是包装了 std 的 C++头文件,对应的是新的 string 类;

<cstring>是对应旧的 C 头文件的 std 版本。

1.1.3 C++程序设计的开发环境

1. Visual C++6.0 开发环境介绍

(1) 启动 Visual C++ 6.0

选择"开始",选择"所有程序",选择"Microsoft Visual C++ 6.0",弹出运行环境,如图1-1所示。

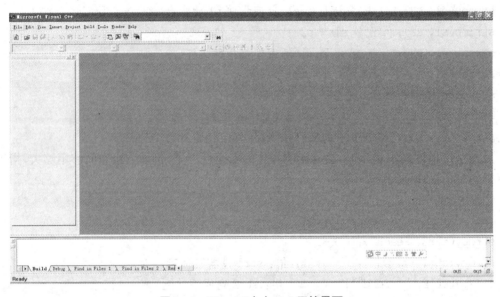

图 1-1　Visual C++ 6.0 开始界面

(2) 创建一个 Project

选择菜单"File",选择"New ",弹出如图 1-2 所示对话框,选择"Projects"标签下"Win32 Console Application"选项,在"Project name"里给 Project 起个名字,点击"OK"。

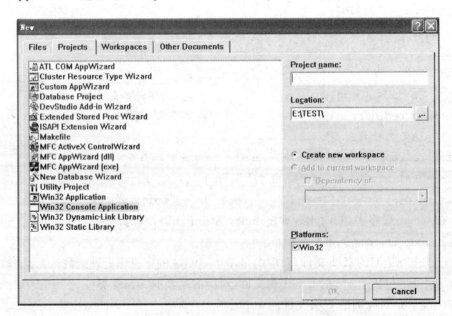

图 1-2　New 对话框

弹出如图1-3所示对话框,选择"An empty project",点击"Finish"按钮。

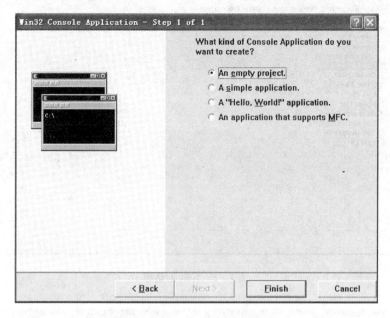

图1-3　控制台应用程序第一步

接着,在"New Project Information"对话框中点击"OK",完成一个 Project 的创建。如图1-4所示。

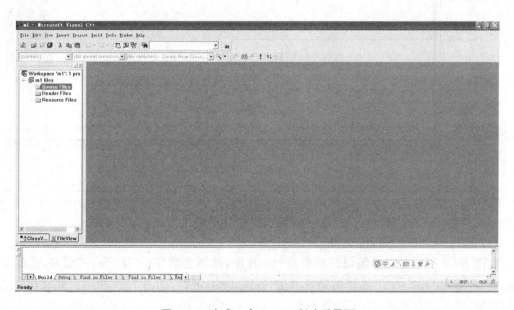

图1-4　完成一个 Project 创建后界面

(3) 在已创建的 Project 下创建 C++源程序文件

在图1-4所示界面中,鼠标选中"Source Files"文件夹,然后选择菜单"File"下"New",弹出如图1-5所示对话框,选择"C++ source File",在"File"文本框中给文件起个名字,点击"OK",弹出如图1-6所示界面可以编辑 C++程序。

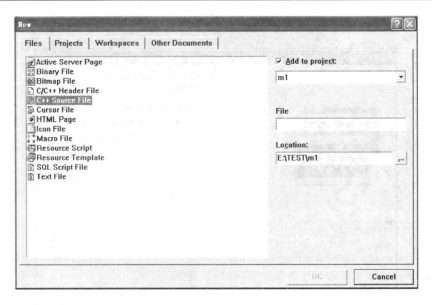

图1-5　New 对话框

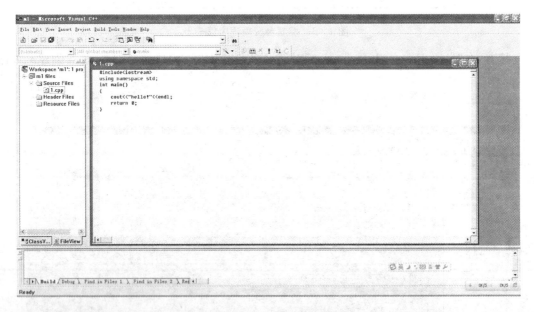

图1-6　C++程序文件编辑窗口

(4) 运行一个 C++程序文件

在图 1-6 所示窗口中编辑好一个 C++程序,选择菜单"File"下"Save"保存,选择菜单"Build"下"Build m1. exe",编译结果显示在 Configuration 栏,如图 1-7 所示。此时程序如果运行正常,弹出运行结果,如图 1-8 所示。

图1-7　编译结果

图1-8　运行结果

编译如有错误,在错误信息上双击后,在源程序中会提示当前出错行,如图1-9所示。

图1-9　编译出错提示界面

（5）选择菜单"File"下"Close Workspace"，关闭工作区。

2. VC++ 2008 开发环境介绍

（1）启动 Visual C++ 2008

选择"开始"，选择"所有程序"，选择"Microsoft Visual C++ 2008"，弹出运行环境，如图 1-10 所示。

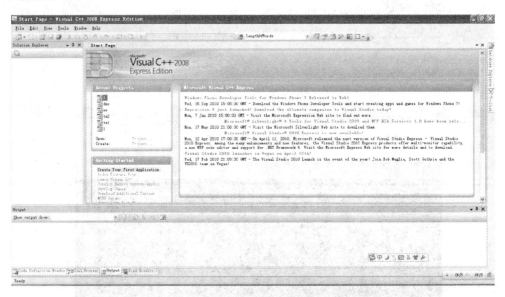

图 1-10　Microsoft Visual C++ 2008 开始界面

（2）创建一个 Project

选择菜单"文件"，选择"New"，弹出如图 1-11 对话框，选择"Win32 Console Application"选项，在 Name 里给 Project 起个名字，点击"OK"。

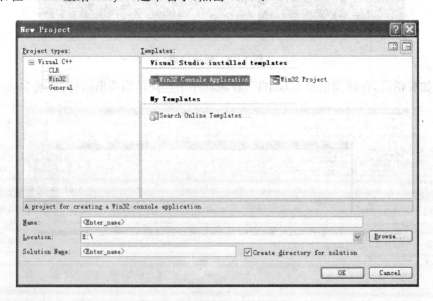

图 1-11　新建一个 Project 界面

弹出如图 1-12 所示对话框,选择" Empty project",点击"Finish"按钮。

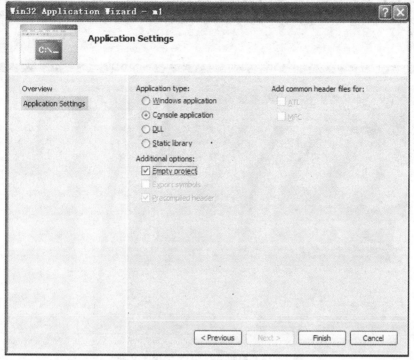

图 1-12　Win32 控制台应用程序第一步

(3) 在已创建的 Project 下创建 C++源程序文件

创建好控制台应用程序,此时鼠标选中"Source Files"文件夹,然后选择 Source File,点击右键,选择"Add",选择"New Item",选择"C++ Source File",在 Name 文本框中给文件起个名字,点击"OK",在弹出的界面就可以编辑 C++程序了,如图 1-13 所示。

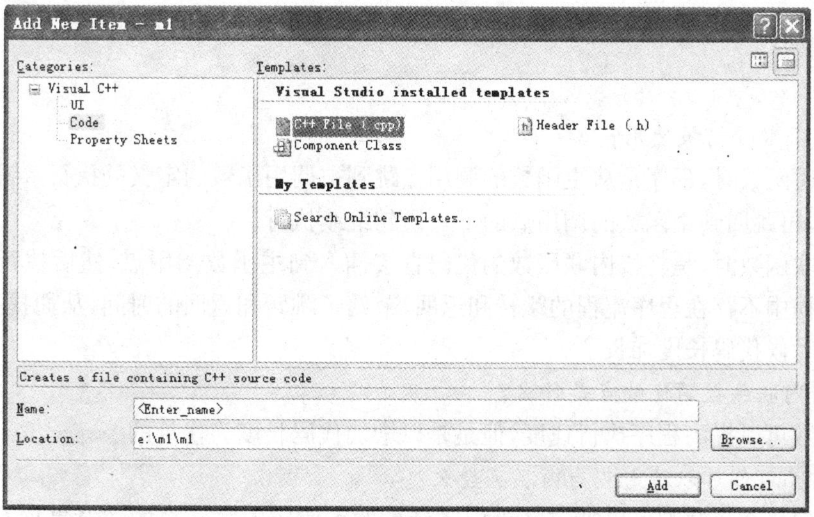

图 1-13　创建 C++文件界面

（4）运行一个 C++程序文件

窗口中编辑好了一个 C++程序,选择菜单"File"下"Save"保存后,选择"Debug",选择"Start without Debugging",编译结果显示。此时程序如果运行正常,弹出运行结果,如图1-14 所示。

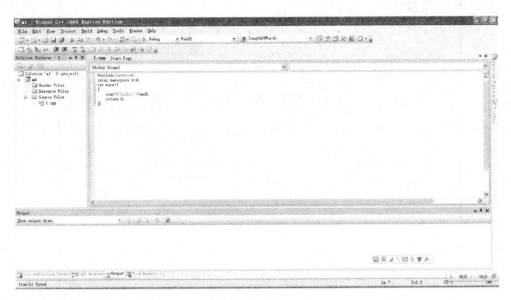

图 1-14　编辑、运行 C++程序文件

1.1.4　内联函数

1. 什么是内联函数?

与普通函数基本一致,只是在函数返回类型前加 inline 关键字。定义格式如下:

```
inline 函数返回类型 函数名(形参列表)
{
    函数体;
}
```

2. 内联函数如何被使用?

调用普通函数时,程序是从主函数的调用点跳到被调用函数的定义处执行,待被调用函数执行完毕后,再跳回到主函数的调用点的下一语句继续执行。

调用内联函数时,是将该内联函数的代码直接插入到主函数调用点,然后执行该段代码。故在调用过程中不存在程序流程的跳转和返回,节约了跳转和返回的时间,从而提高程序运行效率。但这时候代码长度加长了。

3. 使用内联函数的优缺点是什么?

内联函数可以提高程序执行速度,但是是以增加代码长度为代价的。

4. 任何函数都可以被定义为内联函数么?

不是任何一个函数都可以被定义为内联函数的。使用内联函数的注意事项有:(1) 内联函数的函数体内不能含有复杂的结构控制语句,如:switch 语句、各种循环语句等;(2) 递归函数不能用作内联函数;(3) 内联函数中不能说明数组;(4) 对于有很多语句的大函数,函数调用和返回的开销相对微不足道,故也没有必要用内联函数。VC++开发环境会将没设置为内联函数的简单函数自动当作内联函数使用,能将设置为内联函数而不满足成为内联函数条件的函数自动当作非内联函数来处理。

1.1.5 形参带默认值的函数

1. 形参带默认值的函数形式

例如:

```
# include <iostream>
using namespace std;
int max(int x=3,int y=4);        //函数声明
void main()
{
    cout<<max();//此处相当于调用 max(3,4)
}
int max(int x,int y)            //函数定义
{
    return x>y? x:y;
}
```

运行结果:4。

2. 任何形参都可以带默认值么?

如果既有函数声明又有函数定义,且默认参数在函数声明中已提供,则定义函数时不允许再定义参数的默认值;

如果只有函数定义没有函数声明,则默认参数可以出现在函数定义中。

3. 形参带默认值有规则么?

如果函数有多个默认参数,则形参分布默认参数应从右至左逐步定义。

例如:

```
# include <iostream>
using namespace std;
int max(int x ,int y=4);//正确,如果改成 int max(int x=3 ,int y);则错误
void main()
{
    cout<<max(3) ;        //此时第一个实参不可以省略
}
int max(int x,int y)
{
    return x>y? x:y;
}
```

又例如:

```
void myfun(int x=1,float y,long z=200);//错
void myfun(int x,float y=2.4,long z=200);//对
```

如果函数有多个默认参数,则实参分布中默认参数应从左至右逐步缺省。

又例如:声明时 void myfun(int x,float y=2.4,long z=200);

调用时 myfun(2) ;//对

　　　　myfun(2,5.6);//对

　　　　myfun(2,5.6,80);//对

　　　　myfun(2,,80);//错

　　　　myfun();//错,形参 x 对应的实参不能省略

　　　　myfun(,,80);//错

1.1.6　重载函数

1. 什么是函数重载? 举例说明

在 C++源程序的同一个作用域中,有多个同名函数存在,但这些同名函数在参数类型、参数个数以及函数返回类型上有所不同,那么将这些同名函数称作重载函数,或者叫函数重载。

这一点与 C 语言不同,C 语言同一作用域中不允许同名函数存在。

例如:

```
#include <iostream>
using namespace std;
int max(int x,int y)
{
    return x>y? x:y;
}
double max(double x, double y)
{
    return x>y? x:y;
}
void main()
{
    cout<<max(3,4);
    cout<<max(3.1,4.2);
}
```

2. 使用重载函数时要注意什么?

多个同名函数,如果仅仅是函数返回类型不同,则不能构成重载函数。所有重载函数的功能应相同。例如,不提倡一个函数实现值的交换,而另一个同名函数却实现值的比较大小。在调用函数的时候同名函数只要记住它的功能就可以了,不需要记住处理的参数的类型。

1.1.7　形参带默认值的重载函数

1. 形参带默认值的重载函数形式

观察下面程序:

```
#include <iostream>
int max(int x ,int y=4);
```

```
double max(double x , double y=4.1);
void main()
{
    cout<<max(3);              //此时相当于调用 max(3,4);
    cout<<max(3.14159);             //此时相当于调用 max(3.14159,4.1);
}
int max(int x,int y)
{
    return x>y? x:y;
}
double max(double x , double y)
{
    return x>y? x:y;
}
```

2. 形参带默认值的重载函数使用注意点

注意:形参带默认值的重载函数,能否构成真正的重载函数? 调用函数时,会不会产生错误?

例如:void myfun(int x=3,int y=4);——————— 1
　　　void myfun(int x);——————— 2

观察:myfun 函数的 1 和 2 两种形式。两个函数同名,形参个数不同,此时可以构成重载函数;

例如调用函数形式:myfun();//此时调用函数 1
　　　　　　　　myfun(3) ;//重载二义性错误
　　　　　　　　myfun(3,5);//此时调用函数 1

1.1.8　形参是引用类型的函数

1. 什么是引用?

引用是某一变量(目标)的一个别名,对引用的操作就是对目标的操作。

2. 如何声明引用?

类型标识符 & 引用名=目标变量名;

例如:int a;
　　　int &ra=a;

3. 声明引用要注意:

&:表示引用,不是求地址运算符;类型标识符指目标变量的类型;声明引用时,必须同时对其初始化;引用声明后,相当于目标变量有两个名称,即该目标原名称和引用名,但只标识一个内存空间;声明一个引用,不是新定义了一个变量,所以系统并不给引用分配内存空间。

4. 引用的使用

引用作为目标变量名的一个别名来使用,所以不能再把该引用名作为其他变量名的别名;任何对该引用的赋值就是对该引用对应的目标变量名赋值;对引用求地址,就是对目标变量求地址。

5. 引用与指针

由于指针变量也是变量,所以可以声明一个指针变量的引用。声明方法:类型标识符 *&引用名=指针变量名;

引用本身不占存储单元,故不能声明引用的引用,也不能定义引用的指针。

例如:int a;

int & ra=a;

int & * p=&ra;//错误

不能建立空指针的引用。例如:int * &rp=NULL;// 错误

不能建立空类型(void)的引用。例如:void &ra=3;//错误

原因:C++中有 void 类型,但没有一个变量或常量属于 void 类型,所以无法建立其引用。

引用是对某一目标变量、常量或对象的引用,而不是对某一类型的引用。

6. 引用作为函数的参数,即函数的形参是引用的形式

例如:函数 swap()实现两个数交换,要求将函数的形参定义成引用的形式。

```
void swap(int & x,int & y)
{
    int t;    t=x;    x=y;    y=t;
}
```

调用上面函数:

```
main()
{
    int a,b;
    cin>>a>>b;
    swap(a,b);
    cout<<a<<","<<b;
}
```

本题中对形参 x 和 y 的操作实际就是对实参 a 和 b 的操作。

7. 引用使用小结

传递引用给函数与传递指针的效果相同。

使用引用传递函数的参数在内存中没有产生实参的副本(即不需要给形参分配空间),故当参数传递的数据量较大时,引用传递参数的效率和空间使用率较好。

使用指针作函数的参数与引用的效果一样,但是指针造成程序的可阅读性差。另外,在主函数的调用点用变量的地址作为实参,容易造成在被调用函数中要对该变量的地址操作的错觉。

单纯给某个变量取个别名毫无意义,引用的目的主要是在函数参数的传递中解决大对象的传递效率和空间不足的问题。引用本身就是目标变量的别名,对引用的操作就是对目标变量的操作。

用引用传递函数的参数保证参数传递中不产生副本空间,提高了传递的效率,并且通过 const 的使用,也能保证引用传递的安全性。而形参如果是指针类型,虽然能操作大对象空间,但是此时指针通过某个指针变量指向该大对象空间,是对大对象空间操作,而不是对形参指针

本身操作,使程序可读性差,也造成初学者很多难以理解的问题。

8. 返回引用的函数

(1) 返回引用的函数,即函数的返回类型是引用类型。

函数定义时的格式:

返回类型标识符 & 函数名(形参列表及类型说明)

{

　　　函数体;

}

(2) 返回引用的函数说明

要以引用返回值,定义函数时必须在函数名前加 & ;引用返回函数值的好处是:在内存中不产生被返回值的副本。普通的返回类型返回一个值时,需要在内存中先创建一个副本空间,在被调函数返回时,将函数值复制到该副本空间中,主函数再以该副本空间的值进行运算。

当函数返回引用类型时,没有复制返回值,相反,返回的是对象本身。

注意:不要返回局部对象的引用! 不要返回指向局部对象的指针!

当函数执行完毕时,将释放分配给局部对象的存储空间。此时对局部对象的引用就会指向不确定的内存! 返回指向局部对象的指针也是一样的,当函数结束时,局部对象被释放,返回的指针就变成了不再存在的对象的悬垂指针。

返回引用时,要求在函数的参数中,包含有以引用方式或指针方式存在的,需要被返回的参数。

例如,下面程序是正确的。

```
int& abc(int a, int b, int c, int& result)
{
    result = a + b + c;
    return result;
}
```

例如,下面程序是错误的。

```
int& abc(int a, int b, int c)
{
    return a+b+c;
}
```

1.1.9　常量与指针

1. const

表示常量,例如:const int a;又例如:const int * p。

2. const 与指针

指向常量的指针变量(常量指针)的定义:

const 类型标识符 *指针变量名

例如:const int *p;

注意:指针可以改变,但指针所指向空间的值是常量。

指针常量的定义:

类型标识符 * const 指针变量名=初始指针值

例如:char * const p="abced";

注意:指针常量在定义时必须初始化;指针本身是个常量,但指针所指向的空间的值可以改变。

指向常量的指针常量的定义:

const 类型标识符 * const 指针变量名=初始指针值

例如:int b;const int * const p=&b;

注意:指针在定义时必须初始化;指针本身是个常量,指针所指向空间的值也不可以改变。

1.1.10 多文件结构

1. 一个 project 下建立单个 C++源程序文件

例如://1.cpp

```cpp
#include <iostream>
using namespace std;
int abs1(int x);
double abs1(double x);
int abs1(int x)
{
    if(x>0)
        return x;
    else
        return -x;
}
double abs1(double x)
{
    return x>0? x:-x;
}
void main()
{
    cout<<abs1(-10)<<endl;
    cout<<abs1(-0.2);
}
```

2. 现将 1.cpp 如何改成多文件结构形式?

(1) 将函数的声明写入一个头文件,例如 1.h 中。

```cpp
//1.h
#include <iostream>
using namespace std;
int abs1(int x);
double abs1(double x);
```

（2）将函数的定义写入一个单独的源文件，例如 1. cpp 中，但要注意一定要在该文件开头加上 #include "1. h"。

```
//1. cpp
#include "1. h"
int abs1(int x)
{
    if(x>0)
    return x;
    else
    return -x;
}
double abs1(double x)
{
    return x>0? x:-x;
}
```

（3）将主函数定义在单独的 cpp 文件中，例如 m. cpp 中，注意一定要在该文件开头加上 #include "1. h"。

```
//m. cpp
#include "1. h"
void main()
{
    cout<<abs1(-10)<<endl;
    cout<<abs1(-0. 2);
}
```

如此，一个 Project 下就有 1 个头文件，两个 cpp 文件了。这样有助于更好理解 C++程序设计时的结构划分，为中大型系统开发做好准备，形成一个简单的 Project 概念。

1.2　实验一　C++基础程序设计（建议实验学时 4 学时）

本实验训练开发环境 VC++6.0 或者 VC++2005 以上版本的使用，主要熟悉开发环境中调试功能的使用。

本实验训练 C++面向过程方面的内容，包括引用、I/O 格式控制、重载函数、string 类型、多文件结构的使用。

实验内容如下：

1. 给出 Visual C++调试一个简单应用程序的步骤，要求程序输出字符串"Hello! Welcome to C++"。

2. 调试以下程序，观察运行结果。

```
#include<iostream>
using namespace std;
void main()
```

```
{
    int a,b=10;
    int &ra=a;
    a=20;
    cout<<a<<endl;
    cout<<ra<<endl;
    cout<<&a<<endl;
    cout<<&ra<<endl;
    ra=b;
    cout<<a<<endl;
    cout<<ra<<endl;
    cout<<b<<endl;
    cout<<&a<<endl;
    cout<<&ra<<endl;
    cout<<&b<<endl;
}
```

3. 编写一程序,实现九九乘法表的 2 种格式输出,格式如下:

(1)

	1	2	3	4	5	6	7	8	9
1	1	2	3	4	5	6	7	8	9
2	2	4	6	8	10	12	14	16	18
3	3	6	.	.	.	.	.	.	.
4	4	8	.	.	.	.	.	.	.
5	5	10	.	.	.	.	.	.	.
6	6	.	.	.	.	.	.	.	.
7	7	.	.	.	.	.	.	.	.
8	8	.	.	.	.	.	.	.	.
9	9	.	.	.	.	.	.	.	.

(2)

	1	2	3	4	5	6	7	8	9
1	1								
2	2	4							
3	3	6	9						
4	4	8	12	16					
5	5	10	15	20	25				
6	6	12	18	24	30	36			
7	7	14	21	28	35	42	49		
8	8	16	24	32	40	48	56	64	
9	9	18	27	36	45	54	63	72	81

注:要求每种输出格式均写成函数形式。

4. 将第 3 题改成多文件结构实现。要求该工程中有 3 个.cpp 文件,1 个.h 文件。

5. 编程实现比较两个数的大小,求较大值(要求使用重载函数实现)。

6. 编写一个程序,判定一个字符串是否为另一个字符串的字串,若是,返回字串在主串中的位置。要求不使用 strstr 函数,自己编写一个子函数实现。(建议使用 string 类型,而非字符数组。)

1.3　习题

一、填空题

1. 我们通常描述类与对象的关系是这样表述的:_____是类的实例。

2. 引用声明的同时必须完成_____功能。声明一个引用,不是新定义了一个变量,所以系统并不给引用分配存储单元。用堆空间来初始化引用,要求该引用在适当时候_____堆空间。

3. 面向对象程序设计的四大特点是:_____、封装性、_____、多态性。

4. C++的标准流库 iostream 中的_____和 cout 提供标准输入和输出操作。

5. C++中可以这样定义一个字符串:_____str="hello"; str.replace(0,4,4,'c');

6. 函数重载的概念:一个函数可以和同一作用域的其他函数同名,但这些同名函数在_____、_____、返回类型、参数顺序可以完全不同。

7. C++程序中描述逻辑型数据类型用_____描述。

8. 若要使用操作符 setw 进行输出的格式控制,则必须用♯include 命令包含_____头文件。

9. 在 C++中,不返回任何值的函数,应该使用_____关键字说明。

二、选择题

1. 在 C++中,下列关于设置参数默认值的描述中,(　　)是正确的。

A. 不允许设置参数的默认值

B. 设置参数默认值只能在定义函数时设置

C. 设置参数默认值时,应该是先设置右边的再设置左边的

D. 设置参数默认值时,应该全部参数都设置

2. 以下说法正确的是(　　)。

A. C++中并没有预定义一个标准输入流对象 cin

B. C++中流的输入可以采用提取运算符>>来实现

C. C++中提取运算符不可以重载

D. istream 类没有成员函数 getline

3. 当要求通过函数来实现一种简单功能,并要求加快执行速度时,应选用(　　)。

A. 内联函数　　　　　　　　　　B. 重载函数

C. 引用调用函数　　　　　　　　D. 递归函数

4. 下列表示引用的方法中,(　　)是正确的。

已知:int m=10;

A. int &x=m;　　　　B. int &y=10;　　　　C. int &z;　　　　D. float &t=&m;

5. 采用函数重载的目的在于(   )。

A. 实现共享   B. 减少空间

C. 提高速度   D. 使用方便,提高可读性

6. 设 void f1(int * ,long &);int a[ ]={1,2,3};long b;,则以下调用合法的是(   )。

A. f1(a,b);   B. f1(&a,b);   C. f1(a,&b);   D. f1(&a,&b);

7. 以下函数声明中,存在着语法错误的是(   )。

A. int AA(int a,int);   B. int * BB(int,int);

C. void CC(int,int=5);   D. void * DD(x, y);

8. 下列程序的输出结果是(   )

void fun(int n){cout<<n<<endl;}

void fun(int nA,int nB){cout<<nA<<"and"<<nB<<endl;}

void fun(char chA){cout<<chA<<endl;}

void main()

{

    int i=1,j=2;char ch='a';fun(i);fun(i,j);fun(ch);

}

A. 1   B. 1   C. 2   D. 1

  1 and 2   2   1 and 2   2

    a   a   65   65

9. 下列程序段的输出结果是(   )

int nData;

void main()

{

    int nData=1;

    ::nData=10;

    cout<<nData<<endl<<::nData<<endl;

}

A. 1   B. 1,10   C. 10   D. 10,1

  10   1

10. 下列语句中没有语义错误的是(   )

A. char * const str="hello world!";str="hi,here";

B. const char * str="hello world!";str[2]='a';

C. char * const str="hello world!"; * str="hi,here";

D. const char * str="hello world!";str="hi,here";

11. 请选择正确的输出结果(   )

void main()

{

    int a[]={1,3,5,7,9};

    int& ref=a[2];

    ref=55;

```
        cout<<a[2]<<endl;
}
```
A. 5　　　　　　　　　　B. 3　　　　　　　　　　C. 55　　　　　　　　　　D. 7

12. 请选择正确的输出结果(　　)

```
void swap(int& a,int& b)
{
        int t;t=a;a=b;b=t;
}
void main()
{
        int x=5,y=10;
        swap(x,y);
        cout<<x<<','<<y<<endl;
}
```
A. 5,10　　　　　　　　B. 10,5　　　　　　　　C. 5　　　　　　　　　　D. 10

　　　　　　　　　　　　　　　　　　　　　　　　　　10　　　　　　　　　　5

13. 在将两个字符串连接起来组成一个字符串时,选用(　　)函数。

A. strlen()　　　　　　B. strcpy()　　　　　　C. strcat()　　　　　　D. strcmp()

三、改错题

1. 以下程序中,加下划线的地方表示此处有误,请改正。

```
# include <iostream>
void main()
{
        cout<<"hello world!";
}
```

2. 以下程序中,加下划线的地方表示此处有误,请改正。

```
# include <iostream>
using namespace std;
int max(int x,int y)
{
        return x>y? x:y;
}
int max(int x=10,int y=20,int z=30)
{
        int t=x>y? x:y;
        return t>z? t:z;
}
void main()
{
        cout<<max(1,2)<<endl;
```

```
    cout<<max(1,2,3)<<endl;
}
```

3. 以下程序中，加下划线的地方表示此处有误，请改正。

```
#include <iostream>
using namespace std;
inline int sum()
{
    int s=0;
    for(int i=0;i<=100;i++)
        s+=i;
    return s;
}
void main()
{
    cout<<sum();
}
```

四、程序阅读题

1. 阅读下面程序，写出运行结果（如输出的是地址，请用 XXXX 表示）＿＿＿＿＿＿＿＿。

```
#include <iostream>
using namespace std;
void main()
{
    int iCount =18;
    int * iPtr=&iCount;
    * iPtr=58;
    cout<<iCount<<endl;
    cout<<iPtr<<endl;
    cout<<&iCount<<endl;
    cout<< * iPtr<<endl;
    cout<<&iPtr<<endl;
}
```

2. 阅读下面程序，写出运行结果＿＿＿＿＿＿＿＿＿＿＿＿。

```
#include <iostream>
using namespace std;
char s[20]="hello world\n";
char& replace(int i){return s[i];}
void main()
{
    replace(5) ='x';
    cout<<s;
```

```
}
```

3. 阅读下面程序,写出运行结果＿＿＿＿＿＿＿＿＿＿＿＿＿＿＿＿。

```cpp
#include <iostream>
using namespace std;
void fun(int x,int y=0)
{cout<<x+y;}
void main()
{
    fun(10);
}
```

4. 阅读下面程序,写出运行结果＿＿＿＿＿＿＿＿＿＿＿＿＿＿＿＿。

```cpp
#include <iostream>
using namespace std;
void Swap(char * & str1, char * & str2);
void main()
{
    char *ap="hello" ;
    char *bp="how are you?" ;
    Swap(ap, bp) ;
    cout<<ap<<endl<<bp<<endl;
}
void Swap(char * &str1 , char * &str2)
{
    char *temp=str1 ;
    str1 = str2 ;
    str2=temp ;
}
```

五、编程题

1. 编写一个函数,该函数能求出某个字符串的长度。然后再定义一个重载函数,能对整数求其长度(即数值的位数)。最后,编写主函数,并对以上两个函数的功能进行测试。

2. 将第 1 题改成多文件结构。

3. 比较两个整数的大小,得到较大值;比较三个实数的大小,得到较大值,比较两个字符串的大小,前串大于后串,得到 1,两个串相等,得到 0,否则得到 −1。请用重载函数编写该程序。

4. 编写重载函数实现两个整数的交换。(要求写出形参是指针类型和引用类型两种形式)。

第 2 章　类与对象

2.1　知识要点

本章主要介绍面向对象程序设计中常见的一些基本概念、语法及应用。主要有类的定义、对象的定义及使用,构造函数、析构函数、拷贝构造函数的概念及用法,组合类的概念和使用,this 指针的用法,对象指针的用法,堆对象、堆对象数组的用法,类的数据成员指针、类的函数成员指针等的用法。

2.1.1　类

1. 类的概念(见第 1 章)
2. 类的定义语法格式为:

```
class 类名
{
    private：
        //数据成员和函数成员;
    protected：
        //数据成员和函数成员;
    public：
        //数据成员和函数成员;
};
〈各成员函数的实现代码〉
```

3. 类定义的相关说明

类的定义格式中,class 是定义类的关键字;类中既包含数据成员,也包含函数成员;特别注意类定义结束后的分号;成员的访问权限有 public 、private 、protected 三种;类中成员默认权限为 private;类的 private 部分说明的成员,在类外不能被访问,只有类中的成员函数才能访问类中 private 的成员,外部函数只能访问类的成员函数,再由成员函数访问类的私有成员;类的 public 部分说明的成员,在类内外能被访问;类的 protected 部分说明的成员,在类外不能被访问,只有类的成员函数及其派生类(后续章节会学习)才能访问 protected 的数据成员和函数成员。

2.1.2　类的成员函数

类的成员函数通常用来表示对象行为的实现过程。成员函数既可有形参,也可无形参。成员函数可以重载;成员函数有形参时,形参也可以有默认值。

类的成员函数定义形式有两种。一种是将成员函数的定义写在类的定义之中,如例
2_1.cpp 中set 函数和 get 函数的定义形式。另一种是将成员函数的定义写在类的定义之后,
函数名前使用类名来引导,如例 2_2.cpp 中 set 函数和 get 函数的定义形式。

例如://2_1.cpp:
```
class A
{
private :
    int x;
public :
    void set()
    {
        cin>>x;
    }
    void get()
    {
        cout<<x;
    }
};
```

例如://2_2.cpp:
```
class A
{
private :
    int x;
public :
    void set();
    void get();
};
void A::set()
{
    cin>>x;
}
void A::get()
{
    cout<<x;
}
```

注:"::"为作用域运算符,用来指明该函数或者数据属于哪个类。

2.1.3 对象

1. 对象的定义

对象定义的语法格式为:

类名 对象名;

例如:A a;其中 a 就是类 A 的对象。对象是类的实例。可以认为 A 是一种数据类型,a
为该类型 A 的变量。

2. 访问类中成员

(1) 对象和点运算符访问类中成员

语法格式为:

对象名.成员名

利用对象和点运算符访问类中成员。例如:通过 a.set(),可以访问类 A 中的 set()函数
成员。

(2) 通过类类型的指针访问类中成员

定义指向类类型的指针,并使该指针指向对象。语法格式为:

类名 *指针变量名;

此时可以通过该指针访问对象的成员,语法格式:

指针变量名->成员名 或者 (*指针变量名).成员名

注意利用指向对象的指针和->运算符访问成员时,指针变量必须已指向某个对象。

例如：

```cpp
#include <iostream>
#include <string>
using namespace std;
class Student
{
private:
    int number;
    string name;
public:
    void set(int a,string b)
    {
        number=a;
        name=b;
    }
    void disp()
    {
        cout<<"学号:"<<number<<" 姓名:"<<name<<endl;
    }
};
void main()
{
    Student student,*p;
    p=&student;
    student.set(1001,"张来宾");
    student.disp();
    p->disp();
    (*p).disp();
}
```

程序运行的结果：

学号:1001 姓名:张来宾

学号:1001 姓名:张来宾

学号:1001 姓名:张来宾

2.1.4 构造函数

1. 构造函数的定义格式

```cpp
class A
{
    public:
        A()
```

```
        {//……}
    };
```

构造函数的函数名与类名同;是类的成员函数;一般是公有的;不能有返回值,也没有返回类型;可以有形参,也可以无形参;形参可以有默认值;构造函数可以重载;在创建对象时,构造函数被系统自动调用。

2. 构造函数的功能

创建对象,为对象分配空间,初始化其成员。

3. 构造函数能否被重载?

可以。

4. 什么是类的成员函数的重载?

一个类中出现两个以上同名的成员函数时。(注意应避免重载二义性错误)

例如:

```
class A
{
public:
    A(){//……}
    A(int x){//……}
};
void main()
{
    A obj1;//系统自动调用 A()形式
    A obj2(10);//系统自动调用 A(int x)形式
}
```

5. 默认构造函数

观察下面程序:

```
class A
{
private:
    int x;
public:
    void set()
    {
        cin>>x;
    }
    void disp()
    {
cout<<x<<endl;
    }
};
void main()
```

```
{
        A obj1;/*类中没有显式定义构造函数,编译系统自动提供一个默认构造函数,
此处自动调用默认构造函数,完成对象的创建等工作*/
}
```

(1) 默认构造函数的形式

没有形参,函数体为空,仅负责创建对象,为对象分配空间,不做任何初始化工作。

(2) 什么时候使用默认构造函数?

只要一个类显式定义了一个构造函数,编译系统就不再提供默认的构造函数。

(3) 形参带默认值的函数成员重载时应注意避免重载二义性错误(同第1章节中的普通函数形参带默认值重载时的情况类似)。

6. 构造函数实现数据成员初始化时的形式改写

例如:

```
class A
{
        int x,y;
public:
        A(int m,int n)
        {
                x=m;y=n;
        }
};
```

可以改写成:

```
class A
{
        int x,y;
public:
        A(int m,int n):x(m),y(n){}
};
```

2.1.5　拷贝构造函数

1. 概念及定义格式

拷贝构造函数,也称作复制构造函数,可以通过将一个类对象赋值给一个新产生的对象来完成新对象的初始化,即用一个对象去初始化另一个新产生的对象。拷贝构造函数的函数名和类名同,没有返回类型。形式参数只有一个,必须是该类对象的引用。如果在类中没有定义拷贝构造函数,那么系统会根据需要决定是否自动调用一个默认拷贝构造函数。

拷贝构造函数的定义格式如下:

```
类名::类名(类名 & 形式参数)
{
        //函数体;
}
```

2. 什么情况下会调用拷贝构造函数?

① 当用类的某个对象去初始化该类的另一个对象时,调用拷贝构造函数。例如定义类 A,A a;A b=a;或者定义类 A,A a;A b(a);

② 函数的形参如果是类的对象,调用函数时,实参传给形参,这时调用拷贝构造函数。例如定义类 A,有全局函数 void f(A x,A y);主程序调用 f()函数:A a,b; f(a,b);调用 f()函数,实参 a,b 传给形参 x,y 时,自动调用两次拷贝构造函数,分别通过 a 对象初始化 x 对象,b 对象初始化 y 对象。

③ 如果函数的返回值是类的对象,函数执行结束返回时,即执行 return 语句时,调用拷贝构造函数。例如定义类 A,有函数:

```cpp
A   f()//此时函数 f 的返回类型为 A 类型
{
    ……
    return x;   //这里产生副本空间时,会自动调用拷贝构造函数
}
```

例如:

```cpp
#include <iostream>
using namespace std;
class Point
{
    int x,y;
public:
    Point(int m=0,int n=0):x(m),y(n){}
    Point(Point & p)
    {
        x=p.x;
        y=p.y;
    }
    void disp(){cout<<x<<","<<y<<endl;}
};
void fun1(Point p)   //实参传给形参 p 时,调用拷贝构造函数
{
    p.disp ();
}
Point fun2()
{
    Point a(4,4);
    return a; //此处调用拷贝构造函数,创建临时对象副本空间
}
int main()
{
```

```
        Point p1(2,2);
        Point p2＝p1; //此处 p2 创建时,调用拷贝构造函数
        p2.disp ();
        Point p3(3,3);
        Point p4(p3); //此处 p4 创建时,调用拷贝构造函数
        p4.disp ();
        Point p5(5,5);
        fun1(p5);
        Point p6＝fun2();
        p6.disp ();
        return 0;
}
```

运行结果:

2,2

3,3

5,5

4,4

2.1.6 析构函数

1. 概念及定义格式

析构函数,能够撤销对象,释放对象所占用的内存空间。系统如果产生多个对象,每个对象的撤销都是通过析构函数实现的。

析构函数定义格式如下:

～类名()

{

　　//函数体;

}

析构函数的函数名是:～类名,析构函数是类的成员函数,一般是公有的,不能有返回值,也没有返回类型,没有形参,不允许重载,一个类中只有一个析构函数。

2. 什么情况下会调用析构函数?

在撤销对象时,系统自动调用析构函数。对象析构的顺序与构造顺序相反。

如果一个对象是通过 new 运算符动态创建的,即该对象占用的是堆空间,那么当使用 delete 运算符释放它占用的堆空间时,delete 会自动调用析构函数。

如果在定义类时,没有显式地定义析构函数,则系统会自动创建一个默认的析构函数,默认析构函数的函数体为空。

例如:观察下面程序的运行结果,理解析构函数的用法。

```
# include ＜iostream＞
using namespace std;
class point{
    int x,y;
```

```
public:
    point(int i,int j)
    {
        x=i;
        y=j;
        cout<<x<<','<<y<<endl;
    }
    ~point()
    {
        cout<<"good\n";
    }
};
void main()
{
    point p(1,2);
}
```

运行结果:

```
1,2
Good
```

2.1.7 组合类

一个类的对象作为另一个类的数据成员,那么另一个类就叫组合类。

组合类的定义格式为:

```
class A
{
    //类名 1   成员名 1;
    //类名 2   成员名 2;
    ......
    //类名 n   成员名 n;
    ......//其他成员
};
```

注意:类名 1、类名 2、…、类名 n 在定义类 A 前,已经定义好。类 A 就是组合类。

例如:

```
class A
{
    ......
};
class B
{
private:
```

```
    A  a;
public:
        ......
};
```

此时类 B 就是组合类。

注意:在创建类 B 的对象(调用类 B 的构造函数)时,会自动先调用类 A 的构造函数。如果类 A 的构造函数有形参,通常采用初始化表的方式来调用构造函数。新类(即类 B)的构造函数的定义格式为:

新类(参数表 0):成员 1(参数表 1),成员 2(参数表 2),…成员 n(参数表 n)

{……}

其中参数表 1、参数表 2、…、参数表 n 的参数均来自参数表 0;另外初始化新类的非对象成员所需参数,也由参数表 0 提供。

例如:已知日期 Date 类,定义员工类 Employee,输出员工编号和生日,程序如下:

```cpp
#include <iostream>
using namespace std;
class Date
{
private:
    int year,month,day;
public:
    Date(int y,int m,int d)
    {
        year=y;
        month=m;
        day=d;
    }
    void disp()
    {
        cout<<year<<'-'<<month<<'-'<<day<<endl;
    }
};
class Employee
{
private:
    int code;//员工号
    Date birthday;//员工生日
public:
    Employee(int no,Date d):birthday(d)
    {
        code=no;
```

```
    }
    void disp()
    {
        cout<<"员工号:"<<code;
        cout<<"员工生日:";
        birthday.disp();
    }
};
void main()
{
    Date d1(1990,1,1);
    Employee e1(1,d1);
    e1.disp ();
}
```

运行结果:

员工号:1 员工生日:1990 - 1 - 1

2.1.8 类成员指针

1. 类数据成员指针

类数据成员指针用于指向类中数据成员的指针变量,通过该指针变量,可以访问它所指向的类中的数据成员(该数据成员必须是 public 访问权限),但该指针不是类的成员,只是程序中的一个指针变量而已。定义类数据成员指针的语法格式为:

类型 类名::*指针变量名;

使类数据成员指针变量指向类中某个数据成员,语法格式为:

类数据成员指针变量名＝& 类名::类数据成员变量名;

通过类数据成员指针变量访问类中某个数据成员,语法格式为:

对象名.*类数据成员指针变量名;

例如:

```
# include <iostream>
# include <string>
using namespace std;
class Example
{
public:
    int a;
    int b;
    void disp()
    {
        cout<<"a="<<a<<endl;
        cout<<"b="<<b<<endl;
```

```
        }
    };
    void main()
    {
        int Example::*p;//定义指向 int 型数据成员指针 p
        Example obj;
        p=& Example::a;//因 a 的可见性是 public,此处才可以访问
        obj.*p=800;
        p=& Example::b; //因 b 的可见性是 public,此处才可以访问
        obj.*p=200;
        obj.disp();
    }
```

运行结果:

a=800

b=200

2. 类函数成员指针

类函数成员指针用于指向类中函数成员的指针变量,通过该指针变量,可以访问它所指向的类中的函数成员(该数据成员必须是 public 访问权限),但该指针不是类的成员,只是程序中的一个指针变量而已。定义类函数成员指针的语法格式为:

类型 (类名::* 指针变量名)(形参表);

使类函数成员指针变量指向类中某个函数成员,语法格式为:

指向类函数成员的指针变量名=类名::类成员函数名;

通过类函数成员指针变量访问类中某个函数成员,语法格式为:

(对象名.*类成员函数的指针变量名)(实参表);

例如:

```
class Example
{
    int x;
public:
    Example()
    {
        x=10;
    }
    void disp()
    {
        cout<<"x="<<x<<endl;
    }
};
void main()
{
```

```
    Example obj;
    void (Example∷*p)();
    p=Example∷disp;
    (obj.*p)();
    obj.disp();
}
```

运行结果：

x=10

x=10

2.1.9　this 指针

在每个类的成员函数的形参表中都有一个隐含的指针变量 this,该指针变量的类型就是成员函数所属类的类型。当程序调用成员函数时,this 指针被自动初始化发出函数调用的对象的地址。在成员函数的函数体内也可以使用 this 指针变量。

例如:设有类 Example,其定义如下:

```
class Example
{
private:
    int m;
public:
    void set (int x){m=x;}
};
void main()
{
    Example s;
    s.set (100);
}
```

通过调用 set 成员函数,将对象 s 的数据成员 m 的值赋成了 100,而不是其他对象的数据成员 m 的值赋成了 100,能有这种效果,就是 this 指针的功劳,this 指针永远指向当前函数调用的对象,因为该成员函数的原型实际是

```
void set (Example * this,int x)
{
    this->m=x;
}
```

调用 set (100);实际相当于 set (&s,100);

如果 Example 类中数据成员的名字为 x,在本题中不会出现问题,此时 set()函数的函数体部分执行 this->x=x;this 指针保证了用不同的对象调用成员函数是对不同对象的操作。

2.1.10　对象赋值语句

对于同一个类的两个对象,可以进行赋值,其功能是将一个对象的数据成员赋值给另一个对象。赋值语句的左右两边各是一个对象名(注意和拷贝构造函数调用时情况相区别)。

例如:Example obj1,obj2;

　　　obj2＝obj1;//将对象 obj1 的数据成员赋给对象 obj2;

考虑:Example obj1;

　　　Example obj2＝obj1;//此时与上题有何不同?

2.1.11　堆对象

堆对象指在程序运行过程中,根据需要随时可以建立和删除的对象。堆对象占用内存的堆空间。堆对象创建的时候占用堆空间,堆对象撤销时释放堆空间。

例如:

Example * p;

p＝new Example();

delete p;

2.1.12　对象数组

1. 对象数组概念

数组的类型是类类型,数组中的每个元素都是该类的一个对象,这样的数组叫对象数组。

2. 对象数组定义

对象数组定义格式为:

类名 数组名[数组大小];

例如:

Sample arr[10];

注:arr 数组是一个一维对象数组,该数组有 10 个元素,从 arr[0]到 arr[9],每个元素都是一个类 Sample 的对象。

3. 堆对象数组的建立和撤销

例如:

Sample * p;

p＝new Sample[10];

delete []p;

对象数组和堆对象数组的区别是:对象数组占用内存栈空间,而堆对象数组占用内存堆空间。

思考:Sample p(10);这种形式是堆对象数组的建立吗? delete[]p;调用析构函数几次?

2.1.13　类作用域

类作用域又称类域,指在类定义中用一对大括号括起来的范围。不同的类的成员函数可以具有相同的名字,因此可以用作用域运算符":"来指名该成员函数所属类。在类的成员函数中可以直接使用类的数据成员。但是如果在成员函数中已定义了同名的局部变量时,可以用":"来指定具体访问哪个同名变量。

例如:

```
#include <iostream>
using namespace std;
class A
{
private:
    int x,y;
public:
    A(int x,int y)
    {
        A::x=x;//此处也可用 this->x=x 来处理
        A::y=y; //此处也可用 this->y=y 来处理
    }
  void print()
    {
        cout<<"x="<<x<<"y="<<y<<endl;
    }
};
void main()
{
    A a(3,4);
    a.print();
}
```

2.1.14　常对象与常对象成员

1. 常对象

常对象,指对象常量,定义格式为:

const 类名 对象名;

常对象的特点:在定义时必须初始化才有意义,而且在程序中不能再对其更新;通常常对象只能调用类中的常成员函数,而不能调用类中的其他成员函数。

例如:

```
#include <iostream>
using namespace std;
class A
{
private:
    int x;
public:
    A()
```

```
    {
        x=10;
    }
    ~A()
    {
        cout<<"x="<<x<<endl;
    }
};
void main()
{
    A b;
    const A a=b;/*此处如对对象 a 不初始化,则输出 a 对象的 x 成员值为随机值,而
因为 a 是常对象,不能在程序中为其赋值,故此时 a 就没有意义,故常对象在定义时必须初始
化才有意义*/
}
```

运行结果:

x=10

x=10

2. 常对象成员

常对象成员分为常函数成员和常数据成员。

(1) 常函数成员

在类中使用关键字 const 说明的成员函数称为常成员函数,常成员函数的说明格式如下:

类型 函数名(形参表)const;

与普通成员函数相比,常成员函数具有以下特点:

① 常成员函数是类的只读函数,这种成员函数可以读取数据成员的值,但不可以更新数据成员的值,它也不能调用类中没有 const 修饰的其他成员函数;

② 常成员函数定义中的 const 关键字是函数类型的一部分,故其实现部分中也要带 const 关键字;

③ 常成员函数定义中的 const 关键字可以参与区分重载函数。

例如:

```cpp
#include <iostream>
using namespace std;
class A
{
private:
    int m;
public:
    A(int x){m=x;}
    void set (int x );
    void disp ();
```

```
    void disp () const;
};
void A::set (int x )
{
    cout<<x ;
}
void A:: disp ()
{
    cout<<"m="<<m<<endl;
}
void A:: disp () const
{
    cout<<"m="<<m<<endl;
}
void main()
{
    A c1(100);//定义对象 c1
    const A c2(200);//定义常对象 c2
    c1. set (300);
    c2. set(400);//不能执行此语句,因为常对象 c2 只能调用常成员函数。
    c1. disp ();//此处调用的函数是 void disp();
    c2. disp ();//此处调用的函数是 void disp ()const;


}
```

(2) 常数据成员

类中定义的数据成员,除了可以为一般变量外,还可以为 const 常量。构造函数对对象成员的数据成员进行初始化,但如果数据成员为常量成员或引用成员,则不能在构造函数中直接用赋值语句为其赋值。需要利用构造函数所附带的初始化表进行初始化,即在构造函数的括号后面加上“:”和初始化表,其格式是:

类名::类名(形参表):常数据成员名 1(值 1),常数据成员名 2(值 2),…
```
    {
        //构造函数的函数体
    }
```
例如:

```
//以下程序正确
class A
{
    const int a;
public:
    A(int x):a(x)
```
```
    {
    }
};

//以下程序错误
class A
```

```
{                                              {
    const int a;                                   a=x;
public:                                        }
    A(int x)                                   };
```

又例如：

```
//以下程序正确                                  //以下程序错误
class A                                        class A
{                                              {
    int& a;                                        int& a;
public:                                        public：
    A(int x):a(x)                                  A(int x)
    {                                              {
                                                       a=x;
    }                                              }
};                                             };
```

2.2 实验二 类与对象（建议实验学时 4 学时）

本实验训练类、对象的概念及定义方法，以及相关用法；训练成员函数的实现和调用方法；训练构造函数、析构函数、拷贝构造函数、组合类的使用。

实验内容如下：

1. 用面向对象的程序设计方法实现栈的操作。栈又叫堆栈，是一种常用的数据结构，它是一种运算受限的线性表，仅允许在表的一端进行插入和删除运算，是一种后进先出表。

提示：栈用一维整型数组来表示，栈的大小定义为 10；栈定义为一个类 stack；实现栈的创建、进栈和出栈、栈的消亡。进栈函数：void push(int n)；出栈函数：int pop(void)；

2. 将第 1 题中的实验内容改为多文件结构实现。

3. 设计一个用于人事管理的 People（人员）类。考虑到通用性，这里只抽象出所有类型人员都具有的属性：number（编号）、sex（性别）、birthday（出生日期）、id（身份证号）等。其中"出生日期"声明为一个"日期"类内嵌子对象。用成员函数实现对人员信息的录入和显示。要求包括：构造函数和析构函数、拷贝构造函数、内联成员函数、组合类等。

4. 设计一个计算薪水的类 Payroll，它的数据成员包括：单位小时的工资、已经工作的小时数、本周应付工资数。在主函数中定义一个具有 10 个元素的对象数组（代表 10 个雇员）（可以定义普通对象数组，也可以定义成堆对象数组）。程序询问每个雇员本周已经工作的小时数，然后显示应得的工资。要求：输入有效性检验：每个雇员每周工作的小时数不能大于 60，同时也不能为负数。

2.3　习题

一、填空题

1. 使用 new 运算创建的对象或对象数组,可以是用运算符 _____ 删除。

2. 如果类 A 的对象作为类 B 的数据成员,那么我们把类 B 叫做 _____ 。

3. 构造函数的函数名与 _____ 相同。

4. 拷贝构造函数的形参必须是 _____ 。

5. 请完成堆对象数组的建立(假设对象数组长度为 10):

Example * p;

p= _____ ;

delete [ ]p;

6. 通过指向类中数据成员的指针变量,可以访问它所指向的类中的数据成员(该数据成员必须是 public 访问权限),但该指针不是 _____ ,只是程序中的一个指针变量而已。

7. 在每个类的成员函数的形参表中都有一个隐含的指针变量 _____ ,该指针变量的类型就是成员函数所属类的类型。

8. 构造函数创建 _____ ,对其成员 _____ ,分配空间;析构函数撤销 _____ ,释放空间。

9. _____ 构造函数是无参构造函数。

10. 在 C++类的定义中,能使其成员自动初始化的成员称为 _____ 。

二、选择题

1. 下列说明中 const char * ptr; ptr 应该是(　　)。

A. 指向字符常量的指针　　　　　　　B. 指向字符的常量指针

C. 指向字符串常量的指针　　　　　　D. 指向字符串的常量指针

2. 下面关于类概念的描述中,(　　)是错误的。

A. 类是由抽象类型数据的实现

B. 类是具有共同行为的若干对象的统一描述体

C. 类是创建对象的样板

D. 类是 C 语言中的结构类型

3. 下述选项中,析构函数不起作用的一项是(　　)。

A. 自动对象离开作用域时　　　　　　B. 动态分配的对象被删除时

C. 分配一个动态对象时　　　　　　　D. 对于全局对象,当程序终止时

4. 关于成员函数特征的下列描述中,(　　)是错误的。

A. 成员函数一定是内联函数

B. 成员函数可以重载

C. 成员函数可以设置参数的默认值

D. 成员函数可以是静态的

5. 在下列关键字中,用来说明类中公有成员的是(　　)。

A. public　　　　　　B. private　　　　　　C. protected　　　　　　D. friend

6. 作用域运算符的功能是(　　)。

A. 标识作用域的级别的

B. 指出作用域的范围的

C. 给定作用域的大小的

D. 标识某个成员是属于哪个类的

7. (　　)不是构造函数的特征。

A. 构造函数的函数名与类名相同

B. 构造函数可以重载

C. 构造函数可以设置默认参数

D. 构造函数必须指定返回类型

8. 通常的拷贝构造函数的参数是(　　)。

A. 某个对象名

B. 某个对象的成员名

C. 某个对象的引用名

D. 某个对象的指针名

9. 已知类 A 中一个成员函数说明:void Set(A &a);其中,A &a 的含义是(　　)。

A. 指向类 A 的指针为 a

B. 将 a 的地址值赋给变量 Set

C. a 是类 A 的对象引用,用来作函数 Set()的形参

D. 变量 A 与 a 按位相与作为函数 Set()的形参

10. 组合类是指(　　)。

A. 一个类的成员里定义了另外一个类,该类称为组合类

B. 一个类的数据成员是另一个类的对象,该类称为组合类

C. 一个类的数据成员是另一个类的对象,另一个类则称为组合类

D. 一个类中使用了另一个类的函数成员,该类称为组合类

三、阅读程序,完成题目。

1. 声明一个 Dog 类,包含 Age 属性,GetAge()函数成员用来得到狗的年龄。请在横线的地方将程序补充完整。

```cpp
#include <iostream>
using namespace std;
class Dog
{
private:
    int Age;
public:
    Dog(int x) : _____
    {
    }
    Dog(_____)
    {
```

```
        Age=d.Age ;
    }
    int GetAge()
    {
        _____ ;
    }
};
void main()
{
    Dog d1(10);
    cout<<d1.GetAge ();
    Dog d2=d1;
    cout<<d2.GetAge ();
}
```

2. 阅读下面的程序,写出运行结果_____。

```
#include <iostream>
using namespace std;
class Desk {
public:
    Desk();
protected:
    int weight;
    int high;
    int width;
    int length;
};
class Stool {
public:
    Stool();
protected:
    int weight;
    int high;
    int width;
    int length;
};
Desk::Desk()
{
    weight=10;
    high=5;
    width=5;
```

```
        length=5;
        cout<<weight<<" "<<high<<" " <<width<<" "<<length <<endl;
}
Stool::Stool()
{
        weight=6;
        high=3;
        width=3;
        length=3;
        cout<<weight<<" "<<high<<" "<<width<<" "<<length<<endl;
}
void fn()
{
        Desk da;
        Stool sa;
}
void main()
{
        fn();
}
```

3. 阅读下面的程序,写出运行结果＿＿＿＿＿＿＿＿＿＿＿＿＿＿＿＿＿。

```
#include <iostream>
using namespace std;
class Sample
{
private:
        int x,y;
public:
        void get(int a,int b)
        {
                x=a;
                y=b;
        }
        void disp()
        {
                cout<<"x="<<x<<"y="<<y<<endl;
        }
};
void main()
{
```

```
    Sample obj1,obj2;
    obj1.get(10,20);
    obj1.disp();
    obj2=obj1;
    obj2.disp();
}
```

4. 阅读下面的程序,写出运行结果_____。

```cpp
#include <iostream>
using namespace std;
class Sample
{
private:
    int x,y;
public:
    void get(int a,int b)
    {
        x=a;
        y=b;
    }
    void disp()
    {
        cout<<"x="<<x<<"y="<<y<<endl;
    }
};
void main()
{
    Sample *p;
    p=new Sample[3];
    p[0].get(1,2);
    p[1].get(3,4);
    p[2].get(5,6);
    for(int i=0;i<3;i++)
        p[i].disp();
    delete []p;
}
```

5. 阅读下面的程序,写出运行结果_____。

```cpp
#include <iostream>
using namespace std;
class Myclass
{
```

```cpp
public:
    int a;
    int b;
    void show()
    {
        cout<<"a="<<a<<endl;
        cout<<"b="<<b<<endl;
    }
};
void main()
{
    int Myclass:: * p;
    Myclass obj;
    p=&Myclass::a;
    obj. * p=100;
    p=&Myclass::b;
    obj. * p=200;
    obj.show();
}
```

6. 阅读下面的程序,写出运行结果_____。

```cpp
# include <iostream>
using namespace std;
class Test
{
private:
    int m;
public:
    void set(int arg1)
    {m=arg1;}
    void show()
    {cout<<"m="<<m<<endl;}
};
void main()
{
    Test t;
    void (Test:: * p)(int);
```

```
    p=Test::set;
    (t.*p)(100);
    t.show();
}
```

7. 阅读下面的程序,写出运行结果＿＿＿＿＿＿＿＿＿＿＿＿＿＿＿＿＿＿。

```
#include <iostream>
#include<stdio.h>
#include <string>
using namespace std;
class stringclass
{
    char *s;
public:
    stringclass(char *st);
    ~stringclass(){ delete []s;}
public:
    void print() { printf("\n%s",s);}
};
stringclass::stringclass(char *st)
{
    s=new char [100];
    strcpy(s,st);
}
void main()
{
    stringclass  s1("It is ok!");
    s1.print();
}
```

四、编程题

1. 声明一个 tree 类,有成员 ages,成员函数 grow(int years)对 ages 加上 years,age()显示 tree 对象的 ages 值。

2. 定义一个类 Area 求圆的面积,该类有两个私有数据成员 radius 和 area,两个公有成员函数:get_radius()(用来输入 radius 的值,并计算 area 的值)和 disp_area()(用来输出圆的面积)。

3. 将第 2 题中的 Area 的成员函数的定义写在类的定义之外,用类名加作用域运算符引导。并测试该类。

4. 阅读下列程序段,将相应类的定义改写为多文件结构(即将类的定义和实现分成相应的. h 和. cpp 文件)

```cpp
#include <iostream>
using namespace std;
class Tdate{
public:
    void Set(int,int,int);
    int IsLeapYear();//判断是否闰年
    void Print();
private:
    int month;
    int day;
    int year;
};

void Tdate::Set(int m, int d, int y)
{
    month=m;
    day=d;
    year=y;
}
void Tdate::Print()
{
    cout<<month<<"/"<<day<<"/"<<year<<endl;
}
int Tdate::IsLeapYear()
{
    return(year%4==0 && year%100!=0) || (year%400==0);
}
void main()
{
    Tdate s;
    Tdate t;
    s.Set(2,15,1998);
    t.Set(3,15,1997);
    s.Print();
```

```
    t.Print();
}
```

5. 求某点关于原点的对称点,请用面向对象的思想实现。

6. 设计一个矩形类 Rectangle,已知左下角与右上角两点坐标,计算矩形面积。（要求用组合类实现,将左下角与右上角两点看作 Point 类的对象。）

第 3 章　静态成员与友元

3.1　知识要点

本章主要介绍类的静态成员,包括类的静态数据成员和类的静态函数成员的定义和使用以及注意点;同时也介绍了类的友元函数和友元类的定义和使用以及注意点。

3.1.1　静态数据成员

1. 静态数据成员的定义和初始化

在类中定义静态数据成员的方法就是在该成员前面加 static 关键字,定义和初始化静态数据成员的语法格式如下:

```
class 类名
{
    ……
    //static 类型说明符 数据成员名;
    ……
};
类型说明符 类名::数据成员名=值;
```

2. 使用静态数据成员时的注意点

静态数据成员是类的所有对象共享的成员。它所占的空间不会随着对象的产生而分配,也不会随着对象的消失而回收。静态数据成员是类的所有对象共享的,而不从属于任何一个具体对象,所以必须对类的静态数据成员进行初始化,但对它的初始化不能在类的构造函数中进行,其初始化的语句应当写在程序的全局区域中,并且必须指明其数据类型与所属的类名。设计类时,如果是所有对象共享的属性,就要考虑是否将其设计为静态数据成员。

对于在类的 public 部分说明的静态数据成员,在类的外部可以不使用成员函数而直接访问,但在使用时必须用类名指定其所属类,其访问语法格式是:

类名::静态数据成员名

对于在类的非 public 部分说明的静态数据成员,则只能由类的成员函数访问,其访问方式与访问类中的普通数据成员的访问方法完全一样,但在类的外部不能访问。换句话说,可见性为非 public 的静态数据成员只能由类的成员函数(可以是静态成员函数,也可以是非静态成员函数)来访问。

3.1.2　静态函数成员

1. 静态函数成员的定义和初始化

静态函数成员的定义与一般成员函数的定义相同,只是在其前面加 static 关键字,其定义的格式如下:

```
class 类名
{
    ……
    static 类型 函数名(形参)
    {
        //函数体;
    }
    ……
};
```

2. 使用静态函数成员时的注意点

(1) 类的静态函数成员只能访问类的静态数据成员,而不能访问类中的非静态数据成员(普通数据成员),因为非静态数据成员(普通数据成员)只有类的对象存在时才有意义。

(2) 静态函数成员与类相联系,而不与类的对象相联系,所以,在类的外部调用类中的 public 静态函数成员,必须使用"类名::"来引导,而不是通过对象名和点运算来调用公有静态成员函数。在类的外部不能访问类中非 public 的静态函数成员。

3.1.3　静态数据成员和静态函数成员的使用举例

例如:求某班学生 C++课程期末考试平均分。

分析:学生类有学号、姓名、成绩等属性。如知道全班同学的总分和总人数,就可以求平均分了。总分和总人数对全班所有学生对象而言都是一样的,而不从属于某个学生对象,故可以将其设计为静态的。程序如下:

```
#include <iostream>
#include <string>
using namespace std;
class student
{
    int No;
    string name;
    int score;
    static int SumPeopleNum;
    static int SumScore;
public:
    student(int n,string strName,int iScore)
    {
        No=n;
```

```
        name＝strName;
        score＝iScore;
        SumScore＋＝score;// 静态数据成员的使用
        SumPeopleNum＋＋;// 静态数据成员的使用
    }
    static int Average()//考虑为什么设计成静态函数？
    {
        return SumScore/SumPeopleNum;
    }
};
int student::SumPeopleNum＝0;//静态数据成员的初始化
int student::SumScore＝0; //静态数据成员的初始化
void main()
{
    student s1(1,"Li",90);
    student s2(2,"zhang",70);
    student s3(3,"wang",80);
    student s4(4,"Fang",60);
    cout<<"Average is "<<student::Average ()<<endl;//静态函数成员的调用
}
```

运行结果：Average is 75

3.1.4 友元函数

1. 友元函数的定义

友元函数定义在类的外面，不属于任何类，但需要在类的定义中加以声明，表明该函数和当前类关系友好，这样它可以直接访问类的私有成员。换句话说，友元破坏了类的封装性。

2. 友元函数的声明

声明友元函数时只需在友元函数的名称前加上关键字 friend，其语法格式如下：

friend 类型 函数名(形参);

友元函数的声明可以放在类的私有部分，也可以放在公有部分，没有任何区别，因为该友元函数不是类的成员。无论放在类的哪里，都只说明它是该类的一个友元函数而已。一个函数可以是多个类的友元函数，不过需要在各个类中声明。一个类也可以有多个友元函数，但这些友元函数不是该类的成员。

如果友元函数是另一个类的成员函数时，应当注意以下几点：

(1) 友元函数作为一个类的成员函数时，除应当在它所在的类定义中声明之外，还应当在另一个类中声明它的友元关系，声明语句的格式为：

friend 函数类型 函数所在类名::函数名(参数列表)。

(2) 友元函数在引用本类对象的私有成员时无需本类对象的引用参数，但在引用声明它是友元的类的对象中的私有成员时必须有友元类对象的引用参数。

(3) 一个类的成员函数作另一个类的友元函数时，必须先定义，而不是仅仅声明它。

使用友元函数直接访问对象的私有成员,可以免去再调用类的成员函数所需的开销。同时,友元函数作为类的一个接口,对已经设计好的类,只要增加一条声明语句,便可以使用外部函数来补充它的功能,或架起不同类对象之间联系的桥梁。然而,它同时也破坏了对象封装与信息隐藏,使用时需要谨慎小心。

3. 友元函数的调用

友元函数的调用与一般函数调用的方式和原理一致,可以在程序的任何位置调用它。

例:求两点之间的距离(要求定义点 Point 类)。

分析:求两点 p1 和 p2 之间的距离,p1 和 p2 必是 Point 类的对象,两个对象的互动得到一个距离值。求距离时需要知道点 p1 和 p2 的 x、y 坐标,如果 x,y 成员是点 Point 类的私有成员,求距离函数是全局函数,那么就必须将求距离函数设计为友元函数才好。程序如下:

```cpp
#include <iostream>
#include <cmath>
using namespace std;
class Point
{
    double x,y;
public:
    Point():x(0),y(0){}
    Point(double m,double n):x(m),y(n){}
    friend double Distance(Point& px,Point& py);//友元函数的声明
};
double Distance(Point& px,Point& py) //友元函数的定义
{
    double d;
    d=sqrt((px.x-py.x)*(px.x-py.x)+(px.y-py.y)*(px.y-py.y));
    return d;
}

void main()
{
    Point p1,p2(3,4);
    cout<<"The distance is "<<Distance(p1,p2)<<endl; //友元函数的调用
}
```

运行结果:The distance is 5

3.1.5　友元类

可以把一个类而不仅仅是一个函数声明为另一个类的友元类。这时,只需先声明它而不一定需要先定义。当一个类 B 成为了另外一个类 A 的"朋友"时,那么类 A 的私有和保护的数据成员就可以被类 B 访问。我们就把类 B 叫做类 A 的友元类。

定义友元类的语法格式为:

friend class 类名;

其中 friend class 是关键字,类名必须是程序中一个已定义过的类。

例如:以下语句说明类 B 是类 A 的友元类,注意不是类 A 是类 B 的友元类。

```
class A
{
    ……
public:
    friend class B;
    ……
};
```

此时,类 B 就被声明成了类 A 的友元,类 B 的所有成员函数都是类 A 的友元函数,都能访问类 A 的 private 部分和 protected 部分的成员。注意,类 B 虽然是类 A 的友元,但是两者之间不存在继承关系。这也就是说,友元类和原来那个类之间并没有什么继承关系,也不存在包含或者是被包含的关系。

注意:(1)友元关系是单向的,并且只在两个类之间有效。(2)友元关系不具有对称性,即如果类 B 是类 A 的友元类,并不隐含类 A 是类 B 的友元类;例如:甲愿意把甲的秘密告诉乙,但是乙不见得愿意把乙自己的秘密告诉甲。(3)友元关系不具有传递性,即如果类 B 是类 A 的友元类,而类 C 是类 B 的友元类,这时并不隐含类 C 是类 A 的友元类。

当一个类要和另一个类协同工作时,使一个类成为另一个类的友元类是很有用的。这时友元类中的每一个成员函数都成为了对方的友元函数。

例如:设计一个模拟电视机和遥控器的程序。

分析:遥控机类和电视机类是不相包含的,而且,遥控器可以操作电视机,但是电视机无法操作遥控器,这就比较符合友元的特性了。即我们把遥控器类说明成电视机类的友元。程序如下:

```
#include <iostream>
using namespace std;
class TV
{
public:
    friend class Tele; /* 此处声明遥控器类 Tele 为电视机类 TV 的友元,程序中就可以来调用 TV 类中的私有成员 */
    TV():on_off(off),volume(20),channel(3),mode(tv){}
private:
    enum{on,off};
    enum{tv,av};
    enum{minve,maxve=100};
    enum{mincl,maxcl=60};
    bool on_off;
    int volume;
    int channel;
```

```
        int mode;
};
class Tele
{
public:
    void OnOFF(TV & t){t.on_off=(t.on_off==t.on)? t.off:t.on;}
    void SetMode(TV & t){t.mode=(t.mode==t.tv)? t.av:t.tv;}
    bool VolumeUp(TV & t);
    bool VolumeDown(TV & t);
    bool ChannelUp(TV & t);
    bool ChannelDown(TV & t);
    void show(TV & t)const;
};
bool Tele::VolumeUp(TV & t)
{
    if (t.volume<t.maxve)
    {
        t.volume++;
        return true;
    }
    else
    {
        return false;
    }
}
bool Tele::VolumeDown(TV & t)
{
    if (t.volume>t.minve)
    {
        t.volume--;
        return true;
    }
    else
    {
        return false;
    }
}
bool Tele::ChannelUp(TV & t)
{
    if (t.channel<t.maxcl)
```

```cpp
    {
        t.channel++;
        return true;
    }
    else
    {
        return false;
    }
}
bool Tele::ChannelDown(TV & t)
{
    if (t.channel>t.mincl)
    {
        t.channel--;
        return true;
    }
    else
    {
        return false;
    }
}
void Tele::show(TV & t)const
{
    if (t.on_off==t.on)
    {
        cout<<"电视现在"<<(t.on_off==t.on?"开启":"关闭")<<endl;
        cout<<"音量大小为:"<<t.volume<<endl;
        cout<<"信号接收模式为:"<<(t.mode==t.av?"AV":"TV")<<endl;
        cout<<"频道为:"<<t.channel<<endl;
    }
    else
    {
        cout<<"电视现在"<<(t.on_off==t.on?"开启":"关闭")<<endl;
    }
}
int main()
{
    Tele t1;
    TV t2;
    t1.show(t2);
```

```
        t1.OnOFF(t2);
        t1.show(t2);
        cout<<"调大声音"<<endl;
        t1.VolumeUp(t2);
        cout<<"频道+1"<<endl;
        t1.ChannelUp(t2);
        cout<<"转换模式"<<endl;
        t1.SetMode(t2);
        t1.show(t2);
        return 0;
}
```

3.1.6　使用友元的优缺点

提高了程序访问效率,但破坏了类的封装性。

注意:友元函数不是类的成员函数,在类外定义时不要加类名及作用域运算符。

3.2　实验三　静态成员与友元(建议实验学时 2 学时)

本实验训练类中静态成员的使用,训练友元的使用。

实验内容如下:

1. 任意输入 10 个数,计算其总和及平均值。设计程序测试该功能。(要求用类、静态成员实现)

2. 求两点之间的距离。(要求定义点 Point 类,并用友元函数实现)

3. 定义一个经理类 Manager,其成员数据包括编号 id、姓名 name 和年龄 age,均声明为 private 访问属性。再定义一个员工类 Employee,其成员数据及其访问属性与经理类相同。将 Manager 类声明为 Employee 类的友元类,并在 Manager 类中定义一个函数访问 Employee 类的私有数据成员并进行输出。

3.3　习题

一、填空题

1. 静态成员用_____关键字来描述,有_____ 和_____之分。

2. C++程序中用 _____ 来访问类的私有成员,提高了效率,但破坏了类的_____ ,用关键字 _____ 来描述。

3. 友元函数调用与一般函数的调用方式和原理是_____的,可以在程序的任何位置调用它。

4. 静态数据成员是类的所有_____共享的成员。它所占的空间不会随着对象的产生而分配,也不会随着对象的消失而回收。

5. 类的_____ 的初始化不能在类的构造函数中进行,其初始化的语句应当写在程序的全局区域中。

6. 类中可见性为_____的静态数据成员,则只能由类的成员函数访问。

7. 类的静态函数成员只能访问类的_____数据成员。

8. 类 B 的所有成员函数都是类 A 的友元函数,我们把类 B 叫做类 A 的_____。

9. 如果类 B 是类 A 的友元类,而类 C 是类 B 的友元类,这时并不隐含类 C 是类 A 的友元类,这表明友元关系不具有_____。

二、选择题

1. 友元的作用(　　　)。

A. 提高程序的运用效率　　　　　　　　B. 加强类的封装性

C. 实现数据的隐藏性　　　　　　　　　D. 增加成员函数的种类

2. 下述静态数据成员的特性中,(　　　)是错误的。

A. 说明静态数据成员时前边要加修饰符 static

B. 静态数据成员要在类体外进行初始化

C. 引用静态数据成员时,要在静态数据成员名前加<类名>和作用域运算符

D. 静态数据成员不是所有对象所共有的

3. 下列程序的输出是(　　　)。

```cpp
#include <iostream>
using namespace std;
class X
{
public:
    static int a;
};
int X::a=5;
void main()
{
    X x1,x2;
    x1.a=10;
    cout<<x2.a;
}
```

A. 0　　　　　　　　　B. 10　　　　　　　　　C. 5　　　　　　　　　D. 随机数

4. 阅读下面程序,请选择正确的输出结果。(　　　)

```cpp
#include <iostream>
using namespace std;
class myclass{
    int a,b;
public:
    void set(int i,int j){a=i;b=j;}
    friend int sum(myclass x){return x.a+x.b;}
};
void main()
```

```
{
    myclass n;n.set(3,4);cout<<sum(n);
}
```
A. 12　　　　　　　　B. 3　　　　　　　　C. 4　　　　　　　D. 7

5. 阅读下面程序,请选择正确的输出结果。(　　　)

```
#include <iostream>
using namespace std;
class two;
class one{
    int x;
public:
    void show(two);
};
class two{
    int y;
public:
    void set(int i){y=i;}
    friend void one::show(two);
};
void one::show(two r){x=r.y+20;cout<<x;}
void main()
{
    two t;t.set(10);
    one o;o.show(t);
}
```
A. 30　　　　　　　　B. 200　　　　　　　C. 10　　　　　　　D. 死机

三、程序阅读题

1. 程序的执行结果：_____。

```
#include <iostream>
using namespace std;
class Sample
{
private:
    int x;
    static int y;
public:
    Sample(int a)
    {x=a;x++;y++;}
    void print()
    {cout<<"x="<<x<<"y="<<y<<endl;}
```

```
};
int Sample::y=10;
void main()
{
    Sample s1(20);
    Sample s2(30);
    s1.print();
    s2.print();
}
```

2. 指出以下程序的错误,并改正。_____。

```
#include <iostream>
using namespace std;
class Sample
{
private:
    int x;
    static int y;
public:
    Sample(int a)
    {x=a;y+=x;}
    static void print(Sample s)
    {cout<<"x="<<x<<"y="<<y<<endl;}
};
int Sample::y=5;
void main()
{
    Sample s1(10);
    Sample s2(15);
    Sample::print(s1);
    Sample::print(s2);
}
```

3. 分析以下程序,写出运行结果_____。

```
#include <iostream>
using namespace std;
class Sample
{
private:
    int x;
public:
    Sample(int a){x=a;}
```

```
    friend double square(Sample &s);
};
double square(Sample &s)
{return s.x * s.x;}
void main()
{
    Sample s1(20);
    Sample s2(30);
    cout<<square(s1)<<endl;
    cout<<square(s2)<<endl;
}
```

4. 分析以下程序,写出运行结果_____。

```
#include <iostream>
using namespace std;
class A
{
private:
    int x;
public:
    A(int a){x=a;}
    friend class B;
};
class B
{
public:
    void print1(A a)
    {
        a.x--;
        cout<<"x="<<a.x<<endl;
    }
    void print2(A a)
    {
        a.x++;
        cout<<"x="<<a.x<<endl;
    }
};
void main()
{
    A a(10);
    B b;
```

```
        b.print1(a);
        b.print2(a);
}
```

四、编程题

1. 求某班学生某课程平均分,要求:学生基本信息包括学号、姓名、某课程成绩等。
2. 求某线段的长度(要求使用友元实现)。

第4章　继承与派生

4.1　知识要点

本章主要介绍继承的概念，派生类的生成过程，继承方式对基类成员的访问控制，派生类的构造函数和析构函数，虚基类，以及虚基类机制下的构造函数和析构函数的执行顺序。

4.1.1　继承

1. 继承的概念

从已有类导出新类（从已有的数据类型导出新的数据类型），新类具有原有类所有的属性和方法（构造函数和析构函数除外），还有自己特有的属性和方法。

通过继承机制，可以利用已有的数据类型来定义新的数据类型。所定义的新的数据类型不仅拥有新定义的成员，而且还同时拥有旧的成员。称已存在的用来派生新类的类为基类，也称为父类。由基类派生出的新类称为派生类，也称为子类。

2. 使用继承的目的

实现代码重用，为软件的层次化开发提供了保证。

4.1.2　单继承

1. 单继承特点

继承机制中如某个子类只有一个直接父类，此时为单继承。

2. 单继承的定义格式

```
class 基类名
{
    //……
};
class <派生类名>:<继承方式><基类名>
{
    <派生类新定义成员>
};
```

其中，<派生类名>是新定义的一个类的名字，它是从<基类名>中派生的，并且按指定的<继承方式>派生的。<继承方式>常使用如下三种关键字给予表示：public 表示从基类公有派生；private 表示从基类私有派生；protected 表示从基类保护派生。

例如：

```
class Student                              //学生类————父类（基类）
```

```
{
    //……
};
class GraduateStudent:public Student      //研究生类————子类(派生类)
{
    //……
};
```

3. 单继承的使用

有继承就有派生,继承而来的类就是派生类。

例如:定义长方形类 Rectangle,从 Rectangle 类派生出长方体类 Rectangular。

```cpp
#include<iostream>
using namespace std;
class Rectangle
{
protected:
    double length,width,area;
public:
    Rectangle()
    {
        cout<<"请输入长方形(体)的长和宽:"<<endl;
        cin>>length>>width;
    }
    void setarea()
    {
        area=length * width;
        cout<<"长方形的面积是:"<<area<<endl;
    }
};
class Rectangular:public Rectangle
{
private:
    double height,column;
public:
    Rectangular()
    {
        cout<<"请输入长方体的高:"<<endl;
        cin>>height;
    }
    void setcolumn()
    {
```

```
        column=length*width*height;
        cout<<"长方体的体积是"<<column<<endl;
      }
};
void main()
{
    Rectangle a;
    a.setarea();
    Rectangular b;
    b.setcolumn();
}
```
运行结果：

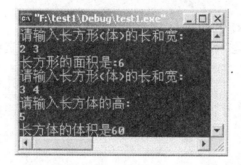

4.1.3　多继承

1. 多继承特点

指子类从多个父类中派生而来。

2. 多继承的定义格式

class 子类名:继承方式 1　基类名 1,继承方式 2　基类名 2,……
{
　　//派生类中的新定义成员;
};

可见,多继承与单继承的区别,从定义格式上看,主要是多继承的基类多于一个。

如果省略继承方式,将对 class 采用私有继承,对 struct 采用公有继承。

4.1.4　子类的生成过程

1. 吸收基类成员

派生类继承了父类所有的成员,构造函数和析构函数除外。例如:

```
# include <iostream>
using namespace std;
class Bed
{
    double  size;
```

```
public :
    Bed(double x)
    {
        size=x;
    }
    void disp()
    {
        cout<<"The bed's size is "<<size<<endl;
    }
};
class FoldBed:public Bed
{
public :
    FoldBed(double x):Bed(x){}
/* Bed 类中 size 成员继承后子类无法访问,故可通过子类构造函数后初始化表实现该功
能*/
};
void main()
{
    Bed d(1.5);
    d.disp ();
    FoldBed fd(1.2);
    fd.disp ();//子类继承了父类的 disp 函数,所以这里才可以访问 disp 函数
}
```

运行结果:

The bed's size is 1.5

The bed's size is 1.2

2. 改造基类成员

(1) 对基类成员的访问改造

根据基类成员原来可见性,通过不同的继承方式对基类成员进行访问控制。

(2) 对基类成员的覆盖或隐藏

如果子类和父类中具有同名成员,例如具有同名函数成员,此时父类的同名成员会被覆盖,子类自己的函数成员或者子类的对象调用该同名函数时,执行的是子类中定义的该同名函数。

例如:

```
# include <iostream>
using namespace std;
class Bed
{
    double  size;
```

```
public :
    Bed(double x)
    {
        size=x;
    }
    void disp()
    {
        cout<<"The bed's size is "<<size<<endl;
    }
    void sleep()
    {
        cout<<"two people"<<endl;
    }
};
class FoldBed:public Bed
{
public :
    FoldBed(double x):Bed(x){}
    void sleep()//子类和父类中同名函数
    {
        cout<<"one people"<<endl;
    }
};
void main()
{
    Bed d(1.5);
    d.disp ();
    d.sleep ();
    FoldBed fd(1.2);
    fd.disp ();
    fd.sleep ();//调用与父类中同名的函数,发生了同名覆盖
}
```

运行结果:

The bed's size is 1.5

two people

The bed's size is 1.2

one people

（3）某子类有多个父类,即多继承时,多个父类中有同名函数,此时容易发生使用错误。该如何解决这个问题? 例如:

```
#include <iostream>
```

```cpp
using namespace std;
class Bed
{
    double  size;
public :
    Bed(double x)
    {
        size=x;
    }
    void disp()
    {
        cout<<"The bed's size is "<<size<<endl;
    }
    void sleep()
    {
        cout<<"The bed can be slept. "<<endl;
    }
};
class Sofa
{
    double  size;
public :
    Sofa(double x)
    {
        size=x;
    }
    void disp()
    {
        cout<<"The Sofa's size is "<<size<<endl;
    }
    void sit()
    {
        cout<<"The Sofa can be sit. "<<endl;
    }
};
class FoldBed:public Bed,public Sofa
{
public :
    FoldBed(double x):Bed(x),Sofa(x){}
};
```

```
void main()
{
    FoldBed fd(1.2);
    fd.sleep ();
    fd.sit ();
    fd.disp ();/ * 此处程序无法决定调用 Bed 类中的 disp 函数还是 sofa 类中的 disp 函
数,发生错误。如何改正？ * /
}
```

修改:fd.Bed::disp ();//可以指明子类对象访问的是哪个父类中的该函数

此时运行结果:

The bed can be slept.

The sofa can be sit.

The bed's size is 1.2

(3) 在子类中添加新的成员

根据继承的概念,派生类继承了基类的成员,而且还有自己特有的成员。子类特有的成员就是子类高于继承的部分,实现了父类没有的功能。

例如:

```
# include <iostream>
using namespace std;
class Bed
{
    double   size;
public :
    Bed(double x)
    {
        size=x;
    }
    void disp()
    {
        cout<<"The bed's size is "<<size<<endl;
    }
};
class FoldBed:public Bed
{
public :
    FoldBed(double x):Bed(x){}
    void Fold()//子类特有的成员
    {
        cout<<"The bed can be fold out."<<endl;
    }
```

```
};
void main()
{
    Bed d(1.5);
    FoldBed fd(1.2);
    fd.disp ();
    fd.Fold ();
}
```

运行结果：

The bed's size is 1.2

The bed can be fold out.

4.1.5　继承方式

1. 继承方式概念

指子类继承父类的继承程度。常用的继承方式有三种：公有继承(public)、私有继承(private)、保护继承(protected)。

2. 公有继承(public)

公有继承的特点是基类的公有成员和保护成员作为派生类的成员时，它们都保持原有的状态，而基类的私有成员仍然是私有的，不能被这个派生类的子类所访问。

3. 私有继承(private)

私有继承的特点是基类的公有成员和保护成员都作为派生类的私有成员，并且不能被这个派生类的子类所访问。

4. 保护继承(protected)

保护继承的特点是基类的所有公有成员和保护成员都成为派生类的保护成员，并且只能被它的派生类成员函数或友元访问，基类的私有成员仍然是私有的。

5. 存取方式与继承方式的关系

下面列出三种不同的继承方式下子类对基类中各种不同可见性的成员的访问程度。

成员类型 继承方式	public	protected	private
public	public	protected	不可用
protected	protected	protected	不可用
private	private	private	不可用

6. 存取方式与继承方式的关系描述，以及子类对象对父类成员不同可见性的访问程度描述

(1) 对于公有继承方式：

基类成员是 public 的，则该成员对于子类成员来说是 public，对于子类的对象也是 public 的。即派生类的成员函数可以访问基类中的 public 成员，派生类的对象可以访问基类中的 public 成员。

基类成员是 protected 的，则该成员对于子类成员来说是 protected，对于子类的对象是不

可用的。即派生类的成员函数可以访问基类中的 protected 成员,派生类的对象不可以访问基类中的 protected 成员。

基类成员是 private 的,则该成员对于子类成员来说是不可用的,对于子类的对象也是不可用的。即派生类的成员函数不可以访问基类中的 private 成员,派生类的对象也不可以访问基类中的 private 成员。

(2) 对于私有继承方式:

基类成员是 public 的,则该成员对于子类成员来说是 private,对于子类的对象是不可用的。即派生类的成员函数可以访问基类中的 public 成员,派生类的对象不可以访问基类中的 public 成员。

基类成员是 protected 的,则该成员对于子类成员来说是 private,对于子类的对象是不可用的。即派生类的成员函数可以访问基类中的 protected 成员,派生类的对象不可以访问基类中的 protected 成员。

基类成员是 private 的,则该成员对于子类成员来说是不可用的,对于子类的对象也是不可用的。即派生类的成员函数不可以访问基类中的 private 成员,派生类的对象也不可以访问基类中的 private 成员。

所以,在私有继承时,基类的成员只能由直接派生类访问,而无法再往下继承。

(3) 对于保护继承方式:

基类成员是 public 的,则该成员对于子类成员来说是 protected,对于子类的对象是不可用的。即派生类的成员函数可以访问基类中的 public 成员,派生类的对象不可以访问基类中的 public 成员。

基类成员是 protected 的,则该成员对于子类成员来说是 protected,对于子类的对象是不可用的。即派生类的成员函数可以访问基类中的 protected 成员,派生类的对象不可以访问基类中的 protected 成员。

基类成员是 private 的,则该成员对于子类成员来说是不可用的,对于子类的对象也是不可用的。即派生类的成员函数不可以访问基类中的 private 成员,派生类的对象也不可以访问基类中的 private 成员。

例如:

```cpp
#include <iostream>
#include <string>
using namespace std;
class student//学生类作为父类
{
public:
    student(string n,int a,int h,int w);//带参数的构造函数
    student();//不带参数的构造函数
    void set(string n,int a,int h,int w);//设置
    string sname();
    int sage();
    int sheight();
    int sweight();
```

```cpp
protected:
    string name;//姓名
    int age;//年龄
    int height;//身高
    int weight;//体重
private:
    int test;
};
string student::sname()
{
    return name;
}
int student::sage()
{
    return age;
}
int student::sheight()
{
    return height;
}
int student::sweight()
{
    return weight;
}
void student::set(string n,int a,int h,int w)
{
    name=n;
    age=a;
    height=h;
    weight=w;
}
student::student(string n,int a,int h,int w)
{
    cout <<"Constructing a student with parameter..." <<endl;
    set(n,a,h,w);
}
student::student()
{
    cout <<"Constructing a student without parameter..." <<endl;
}
class Undergraduate:public student//本科生类作为子类,继承了学生类
```

```
{
public:
    double score();
    void setGPA(double g);//设置绩点
    bool isAdult();//判断是否成年
protected:
    double GPA;//本科生绩点
};
double Undergraduate::score()
{
    return GPA;
}
void Undergraduate::setGPA(double g)
{
    GPA=g;
}
bool Undergraduate::isAdult()
{
    return age>=18? true:false;//子类访问父类的保护成员数据
}
int main()
{
    Undergraduate s1;//新建一个本科生对象
    s1.set("Tom",21,178,60);
    s1.setGPA(3.75);
    cout <<s1.sname() <<endl;
    cout <<s1.sage() <<endl;
    cout <<s1.sheight() <<endl;
    cout <<s1.sweight() <<endl;
    cout <<s1.score() <<endl;
    cout <<s1.isAdult() <<endl;
    return 0;
}
```

运行结果：

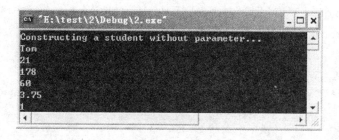

　　根据上面程序的运行结果,可以清楚地看到,学生类里面的公有和保护成员都已经被继承到本科生类。本科生类可以使用学生类的成员函数,也可以访问学生类的保护成员。而本科生类中定义的成员则是对学生类的补充,并且也能够被使用。

4.1.6　派生类的构造函数和析构函数

1. 单继承方式下派生类构造函数的定义

定义格式如下:

派生类名::派生类构造函数名(参数表):基类构造函数名(参数表)

{

　　　//派生类构造函数的函数体

}

在这个定义格式中,派生类构造函数名后面的参数表中包括参数的类型和参数名,而基类构造函数名后面括号内的参数表中只有参数名而没有参数类型,并且这些参数必须是来源于派生类的构造函数名后面括号内的参数。

　　例如:定义类 Animal,定义类 Giraffe 从类 Animal 派生,观察程序运行结果。

```cpp
#include <iostream>
using namespace std;
class Animal
{
public:
    Animal(){cout<<"constructor Animal.\n";}
    void eat(){cout<<"eat.\n";}
    ~Animal(){cout<<"deconstructor Animal.\n";}
};
class Giraffe:public Animal
{
public:
    Giraffe(){cout<<"constructor Giraffe.\n";}
    void StretchNeck(){cout<<"stretch neck.\n";}
    ~Giraffe(){cout<<"deconstructor Giraffe.\n";}
};
void main()
{
    Giraffe gir;
    gir.StretchNeck();
}
```

运行结果：

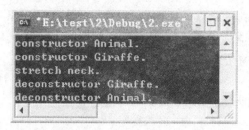

分析：构造子类对象时，首先调用父类的构造函数，然后调用子类的构造函数；析构子类对象时，先调用子类析构函数，再调用父类析构函数。

2. 多继承方式下派生类构造函数的定义

在多重继承方式下，派生类的构造函数必须同时负责所有基类构造函数的调用，对于派生类构造函数的参数个数必须同时满足多个基类初始化的需要。所以，在多重继承下，派生类的构造函数的定义格式如下：

派生类名::派生类构造函数名(参数表):基类名1(参数表1),基类名2(参数表2),…
{
　　//派生类构造函数的函数体
}

3. 派生类构造函数执行的次序

(1) 调用基类构造函数，调用顺序按照它们被继承时说明的顺序(从左向右)，而不是按派生类构造函数在初始化表中的次序。

(2) 调用子对象的构造函数(如果在派生类中存在子对象的话)，调用顺序按照它们在类中说明的顺序。

(3) 执行派生类构造函数的函数体。

4. 派生类析构函数执行的次序

当派生类的对象被删除时，派生类的析构函数被执行。由于基类的析构函数不能被继承，因此在执行派生类的析构函数时，基类的析构函数也将被调用。而执行顺序是先执行派生类的析构函数，再执行基类的析构函数，其顺序与执行构造函数时的顺序正好相反。

例如：日期和时间类实现

```cpp
#include <iostream>
using namespace std;
typedef char string80[80];
//————————基类 日期——————————//
class Date
{
public:
    Date() {}//构造函数
    Date(int y, int m, int d)
    { SetDate(y, m, d);}//带参数构造函数
    void SetDate(int y, int m, int d)//设置日期的函数
    {
```

```cpp
        Year = y;
        Month = m;
        Day = d;
        cout<<"初始化日期了"<<endl;
    }
  void GetStringDate(string80 &Date)//输出日期的函数
  {
        cout<<"Date:"<<endl;
        cout<<Year<<Month<<Day<<endl;
  }
protected:
    int Year, Month, Day;
};
//———————基类 时间—————————//
class Time
{
public:
    Time() {} //构造函数
    Time(int h, int m, int s) { SetTime(h, m, s); } //带参数构造函数
    void SetTime(int h, int m, int s)//设置时间的函数
    {
        Hours = h;
        Minutes = m;
        Seconds = s;
        cout<<"初始化时间了"<<endl;
    }
    void GetStringTime(string80 &Time) //输出时间的函数
    {
        cout<<"Time:"<<endl;
        cout<<Hours<<Minutes<<Seconds<<endl;
    }
protected:
    int Hours, Minutes, Seconds;
};
//———————派生类 时间日期—————————//
class TimeDate:public Date, public Time
{
public:
    TimeDate();Date() {} //构造函数
    TimeDate(int y, int mo, int d, int h, int mi, int s);Date(y, mo, d), Time(h, mi, s) {}
```

```
//带参数构造函数
    void GetStringDT(string80 &DTstr) //输出时间日期的函数
    {
        cout<<"TimeDate"<<endl;
        cout<<Year<<Month<<Day<<Hours<<Minutes<<Seconds<<endl;
    }
};
//————————main()函数入口——————————//
int main()
{
    TimeDate date1, date2(2008, 9, 10, 8, 30, 30);
    string80 DemoStr;
    date1.SetDate(2000,10,7);
    date1.SetTime(12, 30, 00);
    cout<<"The date1 date and time is :"<<endl;
    date1.GetStringDT(DemoStr);
    date1.GetStringDate(DemoStr);
    date1.GetStringTime(DemoStr);
    cout<<endl;
    cout<<"The date2 date and time is:"<<endl;
    date2.GetStringDT(DemoStr);
    date2.GetStringDate(DemoStr);
    date2.GetStringTime(DemoStr);
    cout<<endl;
    return 0;
}
```

运行结果：

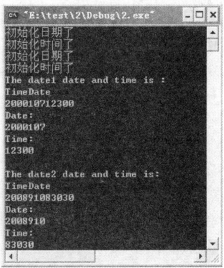

5. 父类的构造函数有形参,如何将子类的构造函数的参数传递过去?

如果希望把子类的构造函数的参数传递给父类的构造函数,可以在子类的构造函数定义中用以下格式调用父类的构造函数:

子类名::构造函数名(参数表):父类名(参数表)

这样的方法不仅使子类对象的初始化变得简单,并且使子类和父类的构造函数分工明确,易于维护。

例如:

```cpp
#include <iostream>
using namespace std;
class B1//基类 B1,构造函数有参数
{
public:
    B1(int i) {cout<<"constructing B1 "<<i<<endl;}
};
class B2//基类 B2,构造函数有参数
{
public:
    B2(int j) {cout<<"constructing B2 "<<j<<endl;}
};
class B3//基类 B3,构造函数无参数
{
public:
    B3(){cout<<"constructing B3 *"<<endl;}
};
class C: public B2, public B1, public B3
{
public://派生类的公有成员
    C(int a, int b, int c, int d): B1(a),memberB2(d),memberB1(c),B2(b){}
private://派生类的私有对象成员
    B1 memberB1;
    B2 memberB2;
    B3 memberB3;
};
int main()
{
    C obj(1,2,3,4);
    return 0;
}
```

运行结果:

constructing B2 2

constructing B1 1

constructing B3 *

constructing B1 3

constructing B2 4

constructing B3 *

分析:类 C 的构造函数的最恰当的写法应该是

C(int a, int b, int c, int d): B2(b), B1(a), memberB1(c), memberB2(d) {}

分两步来探讨:

其一:基类的构造函数调用顺序是 B2、B1、B3,因为这是类 C 的继承顺序 class C: public B2, public B1, public B3,基类的构造函数调用顺序就是按照继承顺序来的。

其二:类成员的构造函数调用顺序是 B1、B2、B3,因为数据成员的构造函数调用顺序是按照其在类中的声明顺序的。尽管类 C 的构造函数中初始化列表并没有按照这一正确的逻辑顺序,但是编译器仍然按照最恰当的顺序执行。因为数据成员的构造函数调用顺序是按照其在类中的声明顺序的。

6. 父类指针与子类对象

父类指针能否指向子类对象? 子类指针能否指向父类对象? 如果这样使用指针,对象的功能是否会受到限制呢?

```cpp
//student 类和 undergraduate 类定义同本章前面程序
#include <iostream>
using namespace std;
int main()
{
    Undergraduate s1;//新建一个本科生对象
    Undergraduate *s1p;//新建一个子类的对象指针
    student s2;
    student *s2p;//新建一个父类的对象指针
    s1p=&s2;//这行程序出错了
    s2p=&s1;
    s1.set("Tom",21,178,60);
    cout <<s1.sname <<s1.sage <<endl;
    s2p->set("Jon",22,185,68);
    cout <<s1.sname <<s1.sage <<endl;
    s1p->setGPA(2.5);
    s2p->setGPA(3.0); //这行程序出错了
    return 0;
}
```

编译结果:

main. cpp(10)：error C2440：'='：cannot convert from 'class student * ' to 'class Un-dergraduate * '

main. cpp(17)：error C2039：'setGPA'：is not a member of 'student'

根据编译结果,可以看到,在公有继承情况下父类的对象指针指向子类对象是允许的。如 s2p 学生指针指向本科生 s1,因为本科生也是学生;子类的对象指针指向父类是禁止的。如 s1p 本科生指针不能指向学生 s2,因为学生不一定是本科生。

此外,如果我们用父类的对象指针指向子类对象,那么这个指针无法使用子类中扩展出的成员。如 s2p 指针无法设置本科生的绩点,因为使用了学生指针,本科生就变成了学生的身份,学生身份不再有设置绩点的功能。

例如:观察下面程序,分析子类指针指向父类对象时的访问模式。

```cpp
#include <iostream>
using namespace std;
class Base
{
public：
    void func( )
    {cout << "Base class function. \n";}
};
class Derived：public Base
{
public：
    void func( )
    {cout << "Derived class function. \n";}
};
void foo(Base b)
    { b. func( ); }
int main( )
{
    Derived d;
    Base b;
    Base * p = &d;
    Base& br = d;
    b = d;
    b. func( );
    d. func( );
    p -> func( );
    foo(d);
    br. func( );
    return 0;
}
```

运行结果：

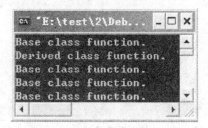

4.1.7 虚基类

1. 什么情况下需要设计虚基类？

在多重继承下，派生类具有两个以上的直接基类，而这些直接基类的一部分或全部又是从另一个共同基类派生而来的，（此时的继承结构含有菱形），这些直接基类中从上一级基类继承来的成员拥有相同的名称，在派生类的对象中，这些同名成员在内存中同时拥有多个拷贝，如何进行分辨呢？

有两种方法，一是使用作用域运算符唯一标识并分别访问他们；二是将直接基类的共同基类设置为虚基类。

2. 使用作用域运算符的方法

该种方法就是在需要访问的成员名前加上直接基类名和作用域运算符::，其格式是：

直接基类名::数据成员名

直接基类名::成员函数名(参数表)

3. 使用虚基类的方法

该方法就是将直接基类的共同基类设置为虚基类，即在基类的访问方式前加上关键字virtual，声明虚基类的格式如下：

```
class 派生类名:virtual 访问方式 基类名
{
    //声明派生类成员
};
```

虚基类虽然被一个派生类间接地多次继承，但派生类却只继承一份该基类的成员，这样就避免了在派生类中访问这些成员时产生二义性。

4. 虚基类的作用

主要用来解决多继承时可能发生的对同一基类继承多次而产生的二义性问题。为最远的派生类提供唯一的基类成员，而不重复产生多次拷贝。注意：在第一级继承时就要将共同基类设计为虚基类。建立对象时所指定的类称为最(远)派生类。

虚基类的成员是由最派生类的构造函数通过调用虚基类的构造函数进行初始化的。在整个继承结构中，直接或间接继承虚基类的所有派生类，都必须在构造函数的成员初始化表中给出对虚基类的构造函数的调用。如果未列出，则表示调用该虚基类的缺省构造函数。

在建立对象时，只有最派生类的构造函数调用虚基类的构造函数，该派生类的其他基类对虚基类构造函数的调用被忽略。

例如：

```cpp
#include <iostream>
using namespace std;
class R
{
    int r;
public:
    R (int x = 0) : r(x) { }   // 构造 R
    void f( ){ cout<<"r="<<r<<endl;}
    void printOn(){cout<<"printOn R="<<r<<endl;}
};
class A : public virtual R
{
    int a;
public:
    A (int x, int y) : R(x), a(y)  { } // 构造 A
    void f( ){ cout<<"a="<<a<<endl;R::f();}
};
class B : public virtual R
{
    int b;
public:
    B(int x, int z) : R(x), b(z) { }// 构造 B
    void f( ){ cout<<"b="<<b<<endl;R::f();}
};
class C : public A, public B
{
    int c;
public:
// 构造 C,先构造 R
    C(int x, int y, int z, int w) : R(x), A(x, y), B(x, z), c(w) { }
    void f( ){ cout<<"c="<<c<<endl;A::f(); B::f();}
};
void main()
{
    R rr(1000);
    A aa(2222,444);
    B bb(3333,111);
    C cc(1212,345,123,45);
    cc.printOn();     //uses R printOn but only 1 R..no ambiguity
```

```
    cc.f();                        // shows multiple call of the R::f()
}
```

运行结果：

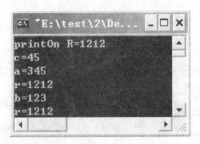

4.1.8 虚基类机制下的构造函数的执行顺序

与一般多重继承下的构造函数的执行顺序不同，其执行顺序如下：

(1) 一个类的所有直接基类中，虚基类的构造函数在非虚基类之前调用。

(2) 如果在一个类的所有直接基类中有多个虚基类，则这些虚基类的构造函数的执行顺序与在派生类中说明的次序相同。

(3) 若虚基类由非虚基类派生而来，而仍然先调用基类构造函数，再按派生类中构造函数的执行顺序调用。

例如：

```
# include <iostream>
using namespace std;
class R
{
    int r;
public:
    R (int x = 0) : r(x) // 构造 R
    {cout<<"constructor R. \n"; }
    void f( ){ cout<<"r="<<r<<endl;}
    ~R(){cout<<"deconstructor R. \n";}
};
class A : virtual public R
{
    int a ;
protected:
    void fA( ){cout<<"a="<<a<<endl;}
public:
    A (int x, int y) : R(x), a(y)   // 构造 A
    {cout<<"constructor A. \n"; }
    void f( ) {fA( ); R::f( );}
    ~A(){cout<<"deconstructor A. \n";}
```

```cpp
};
class B : virtual public R
{
    int b;
protected:
    void fB( ){cout<<"b="<<b<<endl;};
public:
    B (int x, int y) : R(x), b(y)   // 构造 B
    { cout<<"constructor B. \n";}
    void f( ) {fB( ); R::f( );}
    ~B(){cout<<"deconstructor B. \n";}
};
class C : public A, public B
{
    int c;
protected:
    void fC( ){ cout<<"c="<<c<<endl;};
public:
    C(int x, int y, int z, int w) : R(x), A(x, y), B(x, z), c(w)
    { cout<<"constructor C. \n";}
    void f( )
    {
        R::f( );             // 调用 R 中 f()函数
        A::fA( );            //调用 A 中 fA()函数
        B::fB( );            // 调用 B 中 fB()函数
        fC( );               // 调用 C 中 fC()函数
    }
    ~C(){cout<<"deconstructor C. \n";}
};
void main()
{
    R rr(1000);
    A aa(2222,444);
    B bb(3333,111);
    C cc(1212,345,123,45);
    cc. f();
}
```

运行结果：

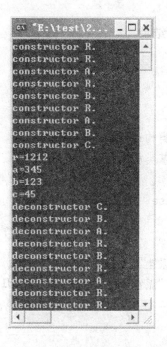

4.2 实验四 继承与派生(建议实验学时 4 学时)

本实验训练单继承、多继承的定义和使用;训练各种继承方式下构造函数、析构函数的执行顺序;训练不同继承方式的程序阅读和编写;训练虚基类的使用。

实验内容如下:

1. 分析以下程序,写出运行结果。

```cpp
#include<iostream>
using namespace std;
class  Base
{
public:
    Base(){cout<<"执行基类构造函数"<<endl;}
    ~Base(){cout<<"执行基类析构函数"<<endl;}
};
class Derive:publicBase
{
public:
    Derive(){cout<<"执行派生类构造函数"<<endl;}
    ~Derive(){cout<<"执行派生类析构函数"<<endl;}
};
void  main()
{
```

```
Derive  d;
}
```

2. 分析以下程序,写出运行结果。

```
#include<iostream.h>
class  Base
{
public:
    Base(){cout<<"基类构造函数"<<endl;}
    ~Base(){cout<<"基类析构函数"<<endl;}
};
class  Derive:public  Base
{
public:
    Derive(){cout<<"派生类构造函数"<<endl;}
    ~Derive(){cout<<"派生类析构函数"<<endl;}
};
viod main()
{
    Derive *p=new Derive;
    Delete  p;
}
```

3. 求一个三角形物体的面积,同时求一个圆形物体的面积。(要求使用继承)

4. 一个三口之家,大家知道父亲会开车,母亲会唱歌。但其父亲还会修电视机,只有家里人知道。小孩既会开车又会唱歌,甚至也会修电视机。母亲瞒着任何人在外面做小工以补贴家用。此外小孩还会打乒乓球。

编写程序输出这三口之家从事一天的活动:先是父亲出去开车,然后母亲出去工作(唱歌),母亲下班后去做两个小时的小工。小孩在俱乐部打球,在父亲回家后,开车玩,后又高兴地唱歌。晚上,小孩和父亲一起修电视机。

5. 设计定义一个哺乳动物类 Mammal,再由此派生出狗类 Dog 和猪类 Pig,从狗类 Dog和猪类 Pig 又派生出 PigDog 类。定义一个 PigDog 类的对象,观察基类与各派生类的构造函数和析构函数的调用顺序。

4.3　习题

一、填空题

1. 继承可以分为 ＿＿＿＿＿＿ 和＿＿＿＿＿＿＿。

2. 面向对象中可以用 ＿＿＿＿＿＿＿＿ 来提高软件代码的重用性。

3. 在 C++类的定义中,只能被其自身及其导出类的成员函数存取的成员称为 ＿＿＿＿＿成员。

4. 如果导出类 B 已经重载了基类 A 的一个成员函数 fn1(),没有重载成员函数 fn2(),则调用成员函数 fn2()的 C++语句是 _____ 。

5. 声明一个类 A 的成员函数的指针 pfn(参数为整数,返回值为长整型)的 C++语句是

_____。

6. 继承机制中有公有继承、私有继承 和 _____ 三种继承方式,其中 _____
继承方式时,基类的每个成员在子类中保持同样的访问模式。

二、选择题

1. 派生类的对象对它的基类中( )是可以访问的。

A. 公有继承的公有成员   B. 公有继承的私有成员

C. 公有继承的保护成员   D. 私有继承的公有成员

2. 设置虚基类的目的是( )。

A. 简化程序   B. 消除二义性

C. 提高运行效率   D. 减少目标代码

三、程序阅读题

1. 阅读程序,写出运行结果 _____ 。

```cpp
#include <iostream>
using namespace std;
class A
{
public:
    int n;
};
class B: virtual public A {};
class C: virtual public A {};
class D: public B, public C
{
public:
    int getn()
    {
        return B::n;
    }
};
void main()
{
    D d;
    d.B::n=10;
    d.C::n=20;
    cout<<d.B::n<<","<<d.C::n<<endl;
}
```

2. 阅读程序,写出运行结果 _____ 。

```cpp
#include <iostream>
```

```
using namespace std;
class obj1
{
public:
    obj1(){cout<<"obj1\n";}
};
class obj2
{
public:
    obj2(){cout<<"obj2\n";}
};
class base1
{
public:
    base1(){cout<<"base1\n";}
};
class base2
{
public:
    base2(){cout<<"base2\n";}
};
class base3
{
public:
    base3(){cout<<"base3\n";}
};
class base4
{
public:
    base4(){cout<<"base4\n";}
};
class Derived:public base1,virtual public base2,public base3,virtual public
base4
{
public:
    Derived():base4(),base3(),base2(),base1(),ob1(),ob2()
    {
        cout<<"Derived ok.\n";
    }
protected:
```

```
        obj1 ob1;
        obj2 ob2;
};
void main()
{
        Derived aa;
        cout<<"This is ok. \n";
}
```

3. 阅读程序,写出运行结果_____。

```
#include <iostream>
using namespace std;
class base
{
public:
    void fn()
    {
        cout<<"In base class\n";
    }
};
class subClass:public base
{
public:
    virtual void fn()
    {
        cout<<"In subClass\n";
    }
};
void test(base & b)
{
    b.fn();
}
void main()
{
    base bc;
    subClass sc;
    cout<<"Calling test(bc)\n";
    test(bc);
    cout<<"Calling test(sc)\n";
    test(sc);
}
```

4. 阅读程序,写出运行结果_____。

```cpp
#include <iostream>
using namespace std;
class point
{
    int xVal,yVal;
public :
    point (int x=0,int y=0): xVal(x),yVal(y) {}
    int getx(){return xVal;}
    int gety(){return yVal;}
};
class ppoint:public point
{
public:
    ppoint(int x,int y):point(x,y){}
    ppoint():point(){}
    void print() {cout<<getx()<<gety()<<endl;}
};
void main()
{
    ppoint pp1(20,20),pp2;
    pp1.print();
    pp2.print();
}
```

5. 阅读程序,写出运行结果_____。

```cpp
#include <iostream>
using namespace std;
class A{
public:
    virtual void fun1() { cout<<"this is A::fun1\n";}
    virtual void fun2() { cout<<"this is A::fun2\n";}
    void fun3() {fun1();fun2();}
};
class B : public A{
public :
    void fun1() {cout<<"this is B::fun1\n";}
    void fun2() {cout<<"this is B::fun2\n";}
};
void main()
{
```

```
        B b;
        b.fun3();
}
```

6. 阅读程序,回答问题。

```cpp
#include <iostream>
using namespace std;
class Base
{
private:
    int n1;
protected:
    int n2;
public:
    int n3;
    void set_n1(int x){n1=x;}
    int get_n1(){return n1;}
};
class Derive:public Base
{
private:
    int n4;
public:
    int n5;
    void setvalue(int a,int b,int c,int d,int e)
    {
        set_n1(a);
        n2=b;
        n3=c;
        n4=d;
        n5=e;
    }
    void print()
    {
        cout<<"n1="<<get_n1()<<endl;
        cout<<"n2="<<n2<<endl;
        cout<<"n3="<<n3<<endl;
        cout<<"n4="<<n4<<endl;
        cout<<"n5="<<n5<<endl;
    }
};
```

```cpp
void main()
{
    Derive obj;
    obj.setvalue(1,2,3,4,5);
    obj.print();
    cout<<"n1="<<obj.n1<<endl;//能否这样访问?　_____
    cout<<"n2="<<obj.n2<<endl;//能否这样访问?　_____
    cout<<"n3="<<obj.n3<<endl;//能否这样访问?　_____
    cout<<"n4="<<obj.n4<<endl;//能否这样访问?　_____
    cout<<"n5="<<obj.n5<<endl;//能否这样访问?　_____
}
```

7. 阅读程序,写出运行结果_____。

```cpp
#include <iostream>
using namespace std;
class Base
{
public:
    Base(){cout<<"执行基类构造函数"<<endl;}
    ~Base(){cout<<"执行基类析构函数"<<endl;}
};
class Derive:public Base
{
public:
    Derive(){cout<<"执行派生类构造函数"<<endl;}
    ~Derive(){cout<<"执行派生类析构函数"<<endl;}
};
void main()
{
    Derive d;
}
```

8. 阅读程序,写出运行结果_____。

```cpp
#include <iostream>
using namespace std;
class Base
{
private:
    int x;
public:
    Base(int a)
    {
```

```
        cout<<"执行基类 Base 的构造函数"<<endl;
        x=a;
    }
    ~Base(){cout<<"执行基类 Base 的析构函数"<<endl;}
};
class Myclass
{
private:
    int n;
public:
    Myclass(int num);
    {
        n=num;
        cout<<"执行 Myclass 类的构造函数"<<endl;
    }
    ~Myclass(){cout<<"执行 Myclass 类的析构函数"<<endl;}
};
class Derive:public Base
{
private:
    int y;
    Myclass bobj;
public:
    Derive(int a,int b,int c):bobj(c),Base(a)
    {
        cout<<"执行派生类 Derive 的构造函数"<<endl;
        y=b;
    }
    ~Derive()
    {
    cout<<"执行派生类 Derive 的析构函数"<<endl;
    }
};
void main()
{
    Derive dobj(1,2,3);
}
```

9. 阅读程序,写出运行结果_____。

```
# include <iostream>
using namespace std;
```

```
class A
{
private:
    int x;
public:
    A(int a)
    {
        cout<<"类 A 的构造函数"<<endl;
        x=a;
    }
    void disp(){cout<<"x="<<x<<endl;}
};
class B
{
private:
    int y;
public:
    B(int b)
    {
        cout<<"类 B 的构造函数"<<endl;
        y=b;
    }
    void disp()
    {
        cout<<"y="<<y<<endl;
    }
};
class C:public A,public B
{
private:
    int z;
public:
    C(int k):A(k+1),B(k+2)
    {
        cout<<"类 C 的构造函数"<<endl;
        z=k;
    }
    void disp()
    {
        A::disp();
```

```
        B::disp();
        cout<<"z="<<z<<endl;
    }
};
void main()
{
    C obj(10);
    obj.disp();
}
```

10. 如果将上题 class C:public A,public B 改为 class C:public B,public A,则运行结果
是_____。

11. 阅读程序,写出运行结果_____。

```
#include <iostream>
using namespace std;
class Base
{
private:
    int b_number;
public:
    Base( ){}
    Base(int i) : b_number (i) { }
    int get_number( ) {return b_number;}
    void print( ) {cout << b_number << endl;}
};


class Derived : public Base
{
private:
    int d_number;
public:
// constructor, initializer used to initialize the base part of a Derived object.
    Derived( int i, int j ) : Base(i), d_number(j) { };
// a new member function that overrides the print( ) function in Base
    void print( )
    {
        cout << get_number( ) << " ";// access number through get_number( )
        cout << d_number << endl;
    }
};
int main( )
```

```
{
    Base a(2) ;
    Derived b(3, 4);
    cout << "a is ";
    a. print( );                    // print( ) in Base Base 类的 print()
    cout << "b is ";
    b. print( );                    // print( ) in Derived Derived 类的 print()
    cout << "base part of b is ";
    b. Base::print( );              // print( ) in Base Base 类的 print()
    return 0;
}
```

12. 阅读程序,写出运行结果＿＿＿＿＿＿＿＿＿＿＿＿＿＿＿＿＿＿＿＿＿＿。

```cpp
//Example: non-virtual destructors for dynamically allocated objects.
//没有虚析构函数,继承类没有析构
#include <iostream>
#include <string>
using namespace std;
class Thing
{
public:
    virtual void what_Am_I( ) {cout << "I am a Thing. \n";}
    ~Thing(){cout<<"Thing destructor"<<endl;}
};
class Animal : public Thing
{
public:
    virtual void what_Am_I( ) {cout << "I am an Animal. \n";}
    ~Animal(){cout<<"Animal destructor"<<endl;}
};
void main( )
{
    Thing * t =new Thing;
    Animal * x = new Animal;
    Thing * array[2];
    array[0] = t;                                   // base pointer
    array[1] = x;
    for (int i=0; i<2; i++)  array[i]->what_Am_I( ) ;
    delete array[0];
    delete array[1];
    return ;
```

```
}
```

13. 阅读程序,写出运行结果_____。

/ * 将点理解为半径长度为 0 的圆,Point(点)类公有派生出新的 Circle(圆)类。圆类具备
Point 类的全部特征,同时自身也有自己的特点:圆有半径。 * /

```
//Point.h
#include<iostream>
using namespace std;
class Point
{
private:
    int X,Y;
public:
    Point(int X=0,int Y=0)
    {
        this->X=X,this->Y=Y;
    }
    void move(int OffX, int OffY)
    {
        X+=OffX, Y+=OffY;
    }
    void ShowXY()
    {
        cout<<"("<<X<<","<<Y<<")"<<endl;
    }
};
// Circle.h   从 Point 类派生出圆类(Circle)
#include"point.h"
using namespace std;
const double PI=3.14159;
class Circle :public Point
{
private:
    double radius;    //半径
public:
    Circle(double R, int X, int Y):Point(X,Y)
    {
        radius=R;
    }
    double area()    //求面积
    {
```

```cpp
        return PI * radius * radius;
    }
    void ShowCircle()
    {
        cout<<"Centre of circle:";
        ShowXY();
        cout<<"radius:"<<radius<<endl;
    }
};
//1.cpp    Circle 类的使用
#include "Circle.h"
using namespace std;
void main()
{
    Circle Cir1(100,200,10);
    Cir1.ShowCircle();
    cout<<"area is:"<<Cir1.area()<<endl;
    Cir1.move(10,20);
    Cir1.ShowXY();
}
```

四、编程题

1. 定义宠物类 Pet,定义猫类 cat 从 Pet 类派生。

2. 假设学生类和本科生类都有一个名为 study 的成员函数。两者的名称相同,参数表相同,实现却不相同。请完成相应代码。

第5章 多态性

5.1 知识要点

C++支持两种类型的多态：一种是编译时的多态（静态多态），例如运算符重载；一种是运行时的多态（动态多态），例如虚函数。本章将重点介绍静态多态和动态多态的概念和使用。

5.1.1 多态性的概念

1. 什么是联编？

函数重载时，即程序中多个函数重名时，编译器根据函数实参的类型、个数决定调用执行哪个重名函数的代码。把一个函数的调用与适当的函数实现代码联系在一起的过程称为联编。

2. 什么是静态联编？

在程序编译阶段确定函数调用与函数实现代码间的对应关系，这种对应的关系确定后，在程序运行过程中就根据这个关系去调用执行相应的函数代码，并且这种对应关系在程序运行过程中始终保持不变。

3. 什么是动态联编？

在编译阶段不能决定执行哪个同名的被调函数，只在程序运行过程中根据需要处理的对象类型来决定执行哪个类的函数。

4. 什么是多态性？

同样的消息被类的不同对象接收时导致的完全不同的行为的一种现象。这里的消息指对类的成员函数的调用。

所以静态联编，可以说就是静态多态；动态联编，可以说就是动态多态。

5. 为什么要采用多态？

在使用继承的时候，子类必然是在父类的基础上有所改变。如果两者完全相同，这样的继承就失去了意义。同时，不同子类之间具体实现也是有所区别的，否则就出现了一个多余的类。不同的类的同名成员函数有着不同的表现形式，称为多态性。多态性是符合人的认知规律的，即称呼相同，所指不同。比如，学生类及其子类都有学习这个成员函数，但本科生、中学生、小学生的学习内容并不相同；玩家类的子类都有攻击这项技能，但剑士、弓箭手和魔法师的攻击方法不同。

多态性往往只有在使用对象指针或对象引用时才体现出来。编译器在编译程序的时候完全不知道对象指针可能会指向哪种对象（引用也是类似的情况），只有到程序运行了之后才能明确指针访问的成员函数是属于哪个类的。我们把C++的这种功能称为"滞后联编"。多态性是面向对象的一个标志性特点，没有这个特点，就无法称为面向对象。

5.1.2 虚函数

1. 什么是虚函数? 什么时候需要用虚函数?

在 C++中,表现多态的一系列成员函数将被设置为虚函数。虚函数可能在编译阶段并没有被发现需要调用,但它还是整装待发,随时准备接受指针或引用的"召唤"。设置虚函数的方法为:在成员函数的声明最前面加上保留字 virtual。注意,声明成员函数为虚函数后,不能再把 virtual 加到成员函数的定义之前,否则会导致编译错误。

2. 虚函数的语法格式

声明虚函数的方法:在基类中的成员函数原型前加上关键字 virtual

```
class 类名
{
    ......
    //virtual 类型 函数名(参数表);
    ......
};
```

关于虚函数的说明:

(1) 当一个类的成员函数声明为虚函数后,意味着该成员函数在派生类中可能有不同的实现,即该函数在派生类中可能需要定义与其基类虚函数原型相同的函数。

(2) 虚函数是动态联编的基础,当用基类的指针或引用的方法指向不同的派生类对象时,系统会在程序运行中根据所指向的对象的不同自动选择适当的函数,从而实现运行时的多态性。

(3) 当通过基类指针或引用标识对象并调用成员函数时,由于基类指针可以指向该基类的不同派生类对象,因此存在需要动态联编的可能性,但具体是否使用动态联编,还要看所调用的是否是虚函数。

(4) 虚函数可以在一个或者多个派生类中被重新定义,但它要求在派生类中重新定义时必须与基类中的原型完全相同,包括函数名、返回值类型、参数个数和参数类型的顺序。

(5) 只有类的成员函数才能声明为虚函数,类的构造函数以及全局函数和静态成员函数不能声明为虚函数。

例如:

```cpp
#include <iostream>
#include <string>
using namespace std;
class Thing
{
public:
    virtual void what_Am_I()
    {
        cout << "I am a Thing.\n";
    }
    ~Thing()
```

```
        {
            cout<<"Thing destructor"<<endl;
        }
};
class Animal : public Thing
{
public:
    virtual void what_Am_I( )
        {
            cout << "I am an Animal.\n";
        }
    ~Animal()
        {
            cout<<"Animal destructor"<<endl;
        }
};
void main( )
{
    Thing t ;
    Animal x ;
    Thing * array[2];
    array[0] = &t;                          // base pointer
    array[1] = &x;
    for (int i=0; i<2; i++)
    array[i]->what_Am_I( ) ;
    return ;
}
```

运行结果：

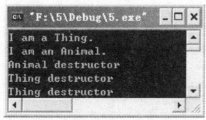

例如：将各类学生的 study() 都设置为虚函数，了解如何实现多态。

```
#include <iostream>
#include <string>
using namespace std;
class student
```

```cpp
{
public:
    student(string n,int a,int h,int w);
    student();
    void set(string n,int a,int h,int w);
    string sname();
    int sage();
    int sheight();
    int sweight();
    virtual void study();//把学习设置为虚函数
protected:
    string name;
    int age;
    int height;
    int weight;
};
string student::sname()
{
    return name;
}
int student::sage()
{
    return age;
}
int student::sheight()
{
    return height;
}
int student::sweight()
{
    return weight;
}
void student::set(string n,int a,int h,int w)
{
    name=n;
    age=a;
    height=h;
    weight=w;
    return;
}
```

```
student::student(string n,int a,int h,int w)
{
    cout <<"Constructing a student with parameter..." <<endl;
    set(n,a,h,w);
}
student::student()
{
    cout <<"Constructing a student without parameter..." <<endl;
}
void student::study()//成员函数定义处没有 virtual
{
    cout <<"随便学些什么。" <<endl;
    return;
}
class Undergraduate:public student
{
    public:
    double score();
    void setGPA(double g);
    bool isAdult();
    virtual void study();//把学习设置为虚函数
    protected:
    double GPA;
};
double Undergraduate::score()
{
    return GPA;
}
void Undergraduate::setGPA(double g)
{
    GPA=g;
    return;
}
bool Undergraduate::isAdult()
{
    return age>=18? true:false;
}
void Undergraduate::study()//成员函数定义处没有 virtual
{
    cout <<"学习高等数学和大学英语。" <<endl;
```

```
        return;
    }
class Pupil:public student
{
public:
    virtual void study();//把学习设置为虚函数
};
void Pupil::study()
{
    cout <<"学习语数外。" <<endl;
    return;
}
int main()
{
    Undergraduate s1;
    student s2;
    Pupil s3;
    student * sp=&s1;//sp指向本科生对象
    s1.set("Tom",21,178,60);
    sp->study();//体现多态性
    sp=&s2; //sp指向学生对象
    s2.set("Jon",22,185,68);
    sp->study();//体现多态性
    sp=&s3; //sp指向小学生对象
    s3.set("Mike",8,148,45);
    sp->study();//体现多态性
    return 0;
}
```

运行结果：

将 study()设置为虚函数之后,无论对象指针 sp 指向哪种学生对象,sp->study()的执行结果总是与对应的类相符合的。多态就通过虚函数实现了。

在编写成员函数的时候,可以把尽可能多的成员函数设置为虚函数。这样做可以充分表现多态性,并且也不会给程序带来不良的副作用。

4. 无法实现多态的虚函数

使用虚函数可以实现多态,但是如果在使用虚函数的同时再使用重载,就会可能使虚函数失效。

5. 虚析构函数

在类中,有两个与众不同的成员函数,那就是构造函数和析构函数。当构造函数与析构函数遭遇继承和多态,它们的运行状况又会出现什么变化呢?

多态性是在父类或各子类中执行最合适成员函数。一般来说,只会选择父类或子类中的某一个成员函数来执行。这可给析构函数带来了麻烦! 如果有的资源是父类的构造函数申请的,有的资源是子类的构造函数申请的,而虚函数只允许程序执行父类或子类中的某一个析构函数,岂不是导致有一部分资源将无法被释放? 为了解决这个问题,虚析构函数变得与众不同。

例如:给析构函数的前面加上保留字 virtual,观察运行的结果。

```cpp
#include <iostream>
using namespace std;
class Animal
{
public:
    Animal(int w=0,int a=0);
    virtual ~Animal();//虚析构函数
protected:
    int weight,age;
};
Animal::Animal(int w,int a)
{
    cout <<"Animal consturctor is running..." <<endl;
    weight=w;
    age=a;
}
Animal::~Animal()
{
    cout <<"Animal destructor is running..." <<endl;
}
class Cat:public Animal
{
public:
    Cat(int w=0,int a=0);
    ~Cat();
};
Cat::Cat(int w,int a):Animal(w,a)
{
    cout <<"Cat constructor is running..." <<endl;
}
```

```
Cat::~Cat()
{
    cout <<"Cat destructor is running..." <<endl;
}
int main()
{
    Animal * pa=new Cat(2,1);
    Cat * pc=new Cat(2,4);
    cout <<"Delete pa:" <<endl;
    delete pa;
    cout <<"Delete pc:" <<endl;
    delete pc;
    return 0;
}
```

运行结果：

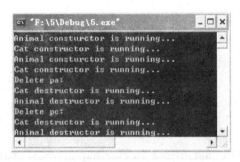

从上例可以看出，虚析构函数不再是运行父类或子类的某一个析构函数，而是先运行合适的子类析构函数，再运行父类析构函数。即两个类的析构函数都被执行了，如果两块资源分别是由父类构造函数和子类构造函数申请的，那么使用了虚析构函数之后，两块资源都能被及时释放。

如将上述程序中 Animal 类析构函数前的 virtual 去掉，会发现运行结果中删除 pa 指向的 Cat 对象时，不执行 Cat 类的析构函数。如果这时 Cat 类的构造函数里申请了内存资源，就会造成内存泄漏了。

所以说，虚函数与虚析构函数的作用是不同的。虚函数是为了实现多态，而虚析构函数是为了同时运行父类和子类的析构函数，使资源得以释放。

5.1.3 纯虚函数和抽象类

1. 纯虚函数概念

在定义一个表达抽象概念的基类时，有时可能会无法给出某些成员函数的具体实现。这时，就可以将这些函数声明为纯虚函数。纯虚函数是一种特殊的虚函数，它只有声明，没有具体的定义。即使给出了纯虚函数的定义也会被编译器忽略。

2. 纯虚函数的声明格式

virtual 返回类型 函数名(参数表)=0;

3. 抽象类的概念

声明纯虚函数的类,就是抽象类。抽象类中至少存在一个纯虚函数;存在纯虚函数的类一定是抽象类。存在纯虚函数是成为抽象类的必需条件。

4. 抽象类使用说明

抽象类只能用作基类来派生新类,不能创建抽象类的对象。因为声明纯虚函数的类只是为了继承,仅作为一个接口,具体功能在其派生类中实现。

5.1.4　用基类指针指向公有派生类对象

指向基类的指针也可以指向其公有派生类对象,但是由于基类指针本身的类型并没有改变,因此,基类指针仅能访问派生类中的基类部分。

例如:

```
#include <iostream>
using namespace std;
class base
{
public:
    virtual void set(int m)
    {
        x=m;
    }
    void disp()
    {
        cout<<x<<endl;
    }
private:
    int x;
};
class derived:public base
{
public:
    virtualvoid set(int m)
    {
        x=m;
    }
    virtual void disp()
    {
        cout<<x<<endl;
    }
    void have()
    {
```

```
        cout<<"Derived Class have only!"<<endl;
    }

private：
    int x;
};
int main()
{
    base *b1；
    derived d1；
    b1=&d1；
    b1->set (10)；
    b1->disp ()；
    b1->have()；//此处出错
    return 0；
}
```

如果将出错语句删除,运行结果为随机值,并不是 10。

5.1.5　运算符重载

1. 为什么需要运算符重载?

在表达式中,常会用到各种操作符(运算符),例如 1+3 和 4*2 中的"+"与"*"。然而,这些操作符只能用于 C++内置的一些基本数据类型。如果编写一个复数类,它也会有加减法的操作,那么用程序该如何实现呢?

函数可以重载,即同名函数针对不同数据类型的参数实现类似的功能。在 C++中,操作符也是可以重载的,同一操作符对于不同的自定义数据类型可以进行不同的操作。

如果没有学习运算符重载,实现复数类相应的运算,程序如下:

```
#include <iostream>
using namespace std;
class Complex//声明一个复数类
{
public：
    Complex(Complex &a)；//拷贝构造函数
    Complex(double r=0,double i=0)；
    void display()；//输出复数的值
    void set(Complex &a)；
    Complex plus(Complex a)；//复数的加法
    Complex minus(Complex a)； //复数的减法
    Complex plus(double r)； //复数与实数相加
    Complex minus(double r)； //复数与实数相减
private：
```

```
    double real;//复数实部
    double img;//复数虚部
};
Complex::Complex(Complex &a)
{
    real=a.real;
    img=a.img;
}
Complex::Complex(double r,double i)
{
    real=r;
    img=i;
}
void Complex::display()
{
    cout <<real <<(img>=0?"+":"") <<img <<"i";
    //适合显示 1—3i 等虚部为负值的复数
}
void Complex::set(Complex &a)
{
    real=a.real;
    img=a.img;
}
Complex Complex::plus(Complex a)
{
    Complex temp(a.real+real,a.img+img);
    return temp;
}
Complex Complex::minus(Complex a)
{
    Complex temp(real—a.real,img—a.img);
    return temp;
}
Complex Complex::plus(double r)
{
    Complex temp(real+r,img);
    return temp;
}
Complex Complex::minus(double r)
{
```

```
        Complex temp(real-r,img);
        return temp;
}
int main()
{
        Complex a(3,2),b(5,4),temp;
        temp.set(a.plus(b));//temp=a+b
        temp.display();
        cout <<endl;
        temp.set(a.minus(b));//temp=a-b
        temp.display();
        cout <<endl;
        return 0;
}
```

运行结果：

虽然上述程序实现了复数的加减法,但是其表达形式极为麻烦,如果有复数 a、b、c 和 d,要计算 a+b-(c+d)将会变得非常复杂。如果不是调用函数,而是使用操作符的话,就会直观得多了。

运算符重载体现静态多态。运算符重载,可以重载为类的成员函数,也可以重载为类的友元函数。

2. 重载为类的成员函数

在类中定义一个同名的运算符函数,其语法格式为：

函数的返回类型 类名::operator 运算符 (形参表)

{

　　//函数体

　　//重新定义运算符在指定类中的功能

}

其中,operator 是关键字,关键字 operator 与后面的运算符共同组成了该运算符函数的函数名。

当运算符重载为类的成员函数时。函数参数的个数比原来的运算对象少一个(右++和右--除外)。

例如：运算符作为成员函数,来实现复数的加减法。

```
#include <iostream>
using namespace std;
class Complex//声明一个复数类
```

```
{
public：
    Complex(Complex &a);
    Complex(double r＝0,double i＝0);
    void display();
    void operator ＝(Complex a);//赋值操作
    Complex operator ＋(Complex a);//加法操作
    Complex operator －(Complex a);//减法操作
    Complex operator ＋(double r);//加法操作
    Complex operator －(double r);//减法操作
private：
    double real;
    double img;
};
Complex：：Complex(Complex &a)
{
    real＝a.real;
    img＝a.img;
}
Complex：：Complex(double r,double i)
{
    real＝r;
    img＝i;
}
void Complex：：display()
{
    cout ＜＜real ＜＜((img＞＝0?"＋"："") ＜＜img ＜＜"i";
    //适合显示1—3i等虚部为负值的复数
}
void Complex：：operator ＝(Complex a)
{
    real＝a.real;
    img＝a.img;
}
Complex Complex：：operator ＋(Complex a)
{
    Complex temp(a.real＋real,a.img＋img);
    return temp;
}
Complex Complex：：operator －(Complex a)
```

```
{
    Complex temp(real-a.real,img-a.img);
    return temp;
}
Complex Complex::operator +(double r)
{
    Complex temp(real+r,img);
    return temp;
}
Complex Complex::operator -(double r)
{
    Complex temp(real-r,img);
    return temp;
}
int main()
{
    Complex a(3,2),b(5,4),c(1,1),d(4,2),temp;
    temp=a+b;//这样的复数加法看上去很直观
    temp.display();
    cout <<endl;
    temp=a-b;
    temp.display();
    cout <<endl;
    temp=a+b-(c+d);//可以和括号一起使用了
    temp.display();
    cout <<endl;
    return 0;
}
```

运行结果：

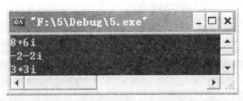

以上程序复数的加法表达得简洁易懂，与用普通函数实现加法减法相比有了很大的进步。并且使用了括号以后，可以更方便地描述各种复杂的运算。运算符在重载之后，结合性和优先级是不会发生变化的，符合用户本来的使用习惯。

3. 重载为类的友元函数

定义一个与某一运算符函数同名的全局函数，然后再将该全局函数声明为类的友元函数，从而实现运算符的重载，其语法格式如下：

friend 函数的返回类型 operator 运算符(形参表)

当重载为类的友元函数时,参数个数与原运算符的个数相同。

例如:用友元和运算符重载来实现复数的加减法。

♯include ＜iostream. h＞ ＊ 由 于 VC＋＋6. 0 编译器有问题,这里使用 ♯ include ＜iostream＞和 using namespace std;标准的写法无法通过编译 ＊

```cpp
class Complex
{
public:
    Complex(Complex &a);
    Complex(double r=0,double i=0);
    void display();
    void operator =(Complex a);
    friend Complex operator +(Complex a,Complex b);//作为友元
    friend Complex operator -(Complex a,Complex b);
    friend Complex operator +(Complex a,double r);
    friend Complex operator -(Complex a,double r);
private:
    double real;
    double img;
};
Complex::Complex(Complex &a)
{
    real=a.real;
    img=a.img;
}
Complex::Complex(double r,double i)
{
    real=r;
    img=i;
}
void Complex::display()
{
    cout <<real <<((img>=0?"+":"") <<img <<"i";
    //适合显示1-3i等虚部为负值的复数
}
void Complex::operator =(Complex a)
{
    real=a.real;
    img=a.img;
```

```cpp
}
Complex operator +(Complex a,Complex b)
{
    Complex temp(a. real+b. real,a. img+b. img);
    return temp;
}
Complex operator -(Complex a,Complex b)
{
    Complex temp(a. real-b. real,a. img-b. img);
    return temp;
}
Complex operator +(Complex a,double r)
{
    Complex temp(a. real+r,a. img);
    return temp;
}
Complex operator -(Complex a,double r)
{
    Complex temp(a. real-r,a. img);
    return temp;
}
int main()
{
    Complex a(3,2),b(5,4),c(1,1),d(4,2),temp;
    temp=a+b;
    temp. display();
    cout <<endl;
    temp=a-b;
    temp. display();
    cout <<endl;
    temp=a+b-(c+d);
    temp. display();
    cout <<endl;
    return 0;
}
```

运行结果：

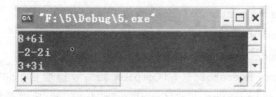

注意该程序中的赋值操作符的定义。事实上,赋值操作符有点类似于默认拷贝构造函数,也具有默认的对象赋值功能。所以即使没有对它进行重载,也能使用它对对象作赋值操作。但是如果要对赋值操作符进行重载,则必须将其作为一个成员函数,否则程序将无法通过编译。

4. 运算符重载的几个问题:

运算符重载为类的成员函数,或重载为类的友元函数,均可访问类的私有成员。操作符只能是 C++中存在的一些操作符,自己编造的操作符是不能参与操作符重载的。

几乎所有的运算符都可以被重载,但下列运算符不允许被重载:

> .　　　.*　　　　　::　　　　　?:　　　sizeof

运算符重载后,既不会改变原运算符的优先级和结合特性也不会改变使用运算符的语法和参数个数。

=、()、[ ]、->等运算符不能重载为友元函数。

参数表中罗列的是操作符的各个操作数。重载后操作数的个数应该与原来相同。但如果操作符作为成员函数,则调用者本身是一个操作数,故而参数表中会减少一个操作数。单目运算符最好重载为类的成员函数,而双目运算符则最好重载为类的友元函数。在操作符重载中,友元的优势明显。特别是当操作数为几个不同类的对象时,友元不失为一种良好的解决办法。

5. 自增运算++和自减运算——的重载

增减量操作符是如何重载的? 同样是一个操作数,它又是如何区分前增量和后增量的?

前增量操作符是“先增后赋”,在操作符重载中理解为先做自增,然后把操作数本身返回。后增量操作符是“先赋后增”,理解为先把操作数的值返回,然后操作数自增。所以,前增量操作返回的是操作数本身,而后增量操作返回的只是一个临时的值。

在 C++中,为了区分前增量操作符和后增量操作符的重载,规定后增量操作符多一个整型参数。这个参数仅仅是用于区分前增量和后增量操作符,不参与到实际运算中去。

例如:重载增量操作符。

```
#include <iostream.h>
//由于 VC++6.0 编译器存在问题,这里使用标准名空间的写法无法通过编译
class Complex
{
public:
    Complex(Complex &a);
    Complex(double r=0,double i=0);
    void display();
```

```cpp
        friend Complex operator +(Complex a,Complex b);
        friend Complex operator -(Complex a,Complex b);
        friend Complex operator +(Complex a,double r);
        friend Complex operator -(Complex a,double r);
        friend Complex& operator ++(Complex &a);//前增量操作符重载
        friend Complex operator ++(Complex &a,int); //后增量操作符重载
private:
    double real;
    double img;
};
Complex::Complex(Complex &a)
{
    real=a.real;
    img=a.img;
}
Complex::Complex(double r,double i)
{
     real=r;
     img=i;
}
void Complex::display()
{
    cout <<real <<((img>=0?"+":"") <<img <<"i";
    //适合显示 1-3i 等虚部为负值的复数
}
Complex operator +(Complex a,Complex b)
{
    Complex temp(a.real+b.real,a.img+b.img);
    return temp;
}
Complex operator -(Complex a,Complex b)
{
    Complex temp(a.real-b.real,a.img-b.img);
    return temp;
}
Complex operator +(Complex a,double r)
{
    Complex temp(a.real+r,a.img);
    return temp;
}
```

```
Complex operator −(Complex a,double r)
{
    Complex temp(a.real−r,a.img);
    return temp;
}
Complex& operator ++(Complex &a)
{
    a.img++;
    a.real++;
    return a;//返回类型为 Complex 的引用,即返回操作数 a 本身
}
Complex operator ++(Complex &a,int)//第二个整型参数表示这是后增量操作符
{
    Complex temp(a);
    a.img++;
    a.real++;
    return temp;//返回一个临时的值
}
int main()
{
    Complex a(2,2),b(2,4),temp;
    temp=(a++)+b;
    temp.display();
    cout <<endl;
    temp=b−(++a);
    temp.display();
    cout <<endl;
    a.display();
    cout <<endl;
    return 0;
}
```

运行结果:

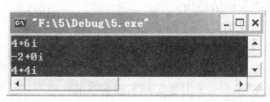

分析:根据运行结果,可以看到 a++和++a 被区分开来了。而调用后增量操作符的时候,操作数仍然只有一个,与那个用于区分的整型参数无关。

5.2　实验五　多态性(建议实验学时 4 学时)

本实验训练虚函数的用法和运算符重载的使用。

实验内容如下:

1. 利用虚函数实现的多态性来求四种几何图形的面积。这四种几何图形是:三角形、矩形、正方形和圆。几何图形的类型可以通过构造函数或通过成员函数来设置。

2. 声明 Point 类,有坐标_x,_y 两个成员变量;对 Point 类重载"＋＋"(自增)、"－－"(自减)运算符,实现对坐标值的改变。

3. 定义一个复数类,通过重载运算符: *,/,直接实现二个复数之间的乘除运算。编写一个完整的程序,测试重载运算符的正确性。要求乘法"*"用友元函数实现重载,除法"/"用成员函数实现重载。

4. 在第 3 题基础上,增加重载复数的加法和减法运算符的功能,实现两个复数的加法,一个复数与一个实数的加法;两个复数的减法,一个复数与一个实数的减法。用成员函数实现加法运算符的重载,用友元函数实现减法运算符的重载。

5.3　习题

一、填空题

1. 在 C++程序继承机制中,当程序运行时,能根据函数类型确认调用哪个函数的能力,称为_____;为了指明某个函数成员具有这个特性时,用关键字_____描述。

2. 当使用成员函数重载单目运算符时,被定义为类的方法的运算符函数的参数个数总是_____。

3. 如果一个类中有一个或者多个纯虚函数,则这个类称为_____。

二、选择题

1. 关于虚函数的描述中,正确的是(　　)

A. 导出类的虚函数与基类的虚函数具有不同的参数个数与类型

B. 虚函数是 static 类型的成员函数

C. 在基类中说明了虚函数后,导出类与基类中对应的函数可不再说明为虚函数

D. 虚函数是一个非成员函数

2. 下列关于运算符重载的描述中,正确的是(　　)

A. 运算符重载可以改变操作数的个数

B. 运算符重载不能改变语法结构

C. 运算符重载可以改变结合性

D. 运算符重载可以改变运算符的优先级

三、问答题

1. 什么叫做多态性？在 C++中是如何实现多态的?

2. 什么叫做抽象类? 抽象类有何作用? 抽象类的派生类是否一定要给出纯虚函数的实现?

3. 声明一个参数为整型,无返回值,名为 fn1 的虚函数。

4. 在 C++中,能否声明虚构造函数? 为什么? 能否声明虚析构函数? 有何用途?

四、程序阅读题

1. 根据程序,写出运行结果_____。

```cpp
#include <iostream>
using namespace std;
class point{
    int x,y;
public:
    point(int i,int j){x=i;y=j;}
    void show(){cout<<x<<','<<y<<endl;}
    point operator+(point p){return point(x+p.x,y+p.y);}
};
void main()
{
    point p1(10,20),p2(20,30);
    point p3=p1+p2;p3.show();
}
```

2. 根据程序,写出运行结果_____。

```cpp
#include <iostream>
using namespace std;
class counter{
    int value;
public:
    counter(){value=0;}
    void operator++(){++value;}
    void print(){cout<<value;}
};
void main()
{
    counter c;
    c++;
    c.print();
}
```

3. 根据程序,写出运行结果_____。

```cpp
#include <iostream>
using namespace std;
class counter{
    int val;
public:
    counter(){val=2;}
```

```
    operator int(){return val;}
};
void main()
{
    counter cou;
    cout<<1/cou;
}
```

4. 根据程序,写出运行结果_____。

```
#include <iostream.h>
class coord{
    int x,y;
public :
    coord() {x=0;y=0;}
    coord(int i,int j){x=i;y=j;}
    coord operator +(coord ob);
    coord operator -(coord ob);
    coord operator ++();
    friend ostream& operator<<(ostream& ot,coord ob);
};
coord coord::operator +(coord ob)
{
    coord temp;
    temp.x =x+ob.x ;
    temp.y =y+ob.y;
    return temp;
}
coord coord::operator -(coord ob)
{
    coord temp;
    temp.x=x-ob.x;
    temp.y=y-ob.y;
    return temp;
}
coord coord::operator ++()
{
    coord temp;
    temp.x=x+1;
    temp.y=y+1;
    return temp;
}
```

```cpp
ostream& operator <<(ostream& out, coord ob)
{
    out<<'('<<ob.x<<','<<ob.y<<')'<<endl;
    return out;
}
int main()
{
    coord p1(10,20),p2(30,40),p3;
    cout<<"p3="<<p1+p2<<endl;
    cout<<"p3="<<p2-p1<<endl;
    cout<<"p3="<<p3++<<endl;
    return 0;
}
```

5. 根据程序,写出运行结果＿＿＿＿＿＿＿＿＿＿＿＿＿＿＿。(注意程序中虚函数的定义使用是否正确。)

```cpp
♯include <iostream>
using namespace std;
class base
{
public:
    virtual void fn()
    {
        cout<<"In base class\n";
    }
};
class subClass:public base
{
public:
    void fn()
    {
        cout<<"In subClass\n";
    }
};
void test(base & b)
{
    b.fn();
}
void main()
{
    base bc;
```

```cpp
    subClass sc;
    cout<<"Calling test(bc)\n";
    test(bc);
    cout<<"Calling test(sc)\n";
    test(sc);
}
```

6. 根据程序,写出运行结果_____。

```cpp
#include <iostream>
using namespace std;
class Point
{
private:
    int x,y;
public:
    Point(int a,int b)
    {
        x=a;
        y=b;
    }
    int area(){return 0;}
};
class Rectangle:public Point
{
private:
    int length;
    int width;
public:
    Rectangle(int a,int b,int l,int w):Point(a,b)
    {
    length=l;
    width=w;
    }
    int area(){return length*width;}
};
void disp(Point& p)
{
    cout<<"area is"<<p.area()<<endl;
}
void main()
{
```

```
    Rectangle rect(3,5,7,9);
    disp(rect);
}
```

7. 根据程序,写出运行结果_____。

```
#include <iostream>
using namespace std;
class Point
{
    int x,y;
public:
    Point(int a,int b){x=a;y=b;}
    virtual int area(){return 0;}
};
class Rectangle:public Point
{
private:
    int length;
    int width;
public:
    Rectangle(int a,int b,int l,int w):Point(a,b){length=l;width=w;}
    virtual int area(){return length * width;}
};
void disp(Point& p)
{
    cout<<"area is"<<p.area()<<endl;
}
void main()
{
    Rectangle rect(3,5,7,9);
    disp(rect);
}
```

8. 根据程序,写出运行结果_____。

```
#include <iostream>
using namespace std;
class A
{
public:
    virtual void show(){cout<<"class A"<<endl;}
};
class B:public A
```

```
{
public:
    void show(){cout<<"class B"<<endl;}
};
class C:public A
{
public:
    void show(){cout<<"class C"<<endl;}
};
void disp(A * p)
{
    p->show();
}
void main()
{
    A a;
    B b;
    C c;
    disp(&a);
    disp(&b);
    disp(&c);
}
```

9. 上题中如果没有声明基类 A 的成员函数 show( )为虚函数,则运行的结果是

_____。

10. 根据程序,写出运行结果_____。

```
#include <iostream>
#include <cmath>
using namespace std;
class Base
{
protected:
    int x,y;
public:
    virtual void setx(int a,int b=0)
    {
        x=a;y=b;
    }
    virtual void disp()=0;
};
class Square:public Base
{
```

```cpp
public：
    void disp()
    {
        cout<<"x="<<x<<",";
        cout<<"x 的平方="<<x*x<<endl;
    }
};
class Cube：public Base
{
public：
    void diap()
    {
        cout<<"x="<<x<<",";
        cout<<"x 的立方="<<x*x*x<<endl;
    }
};
class Pow：public Base
{
public：
    void disp()
    {
        cout<<"x="<<x<<","<<"y="<<y<<",";
        cout<<"x 的"<<y<<"次方="<<pow(double(x),double(y))<<endl;
    }
};
void main()
{
    Base * p；
    Square s；
    Cube c；
    Pow w；
    p=&s；
    p->setx(3) ；
    p->disp();
    p=&c；
    p->setx(4) ；
    p->disp();
    p=&w；
    p->setx(4,5)；
    p->disp();
}
```

四、编程题

1. 将单目运算符"＋"重载为类的成员函数,实现类的两个对象相加。

2. 用友元函数代替成员函数,重新编写上题。

3. 重载"＝"运算符,实现两个同类对象的赋值运算。

4. 定义一个图形 Sharp 类并用继承方法定义圆形 Circle 类。要求实现求圆形 Circle 对象的面积。

5. 定义宠物类 Pet,定义猫类 cat 从 Pet 类派生。宠物都有毛色、重量、年龄、叫声等信息。

第6章 模板

6.1 知识要点

模板是 C++高级编程部分的知识内容。本章主要介绍函数模板、模板函数、类模板、模板类的概念和使用,简单介绍 STL 的概念和基本用法。模板能够让程序员编写与类型无关的代码,也可以减少代码的重复度。STL 中的很多功能函数的使用,节约了开发者的时间。

6.1.1 模板

1. 什么是模板?

利用通用的方法来设计函数或类,不必预先说明将被使用的每个对象的类型。利用模板功能可以构造相关的函数或类的系列,因此模板也可称为参数化的类型。在 C++中,模板可以是函数模板,也可以是类模板。

2. 使用模板的好处

模板是 C++高级编程部分的知识内容。使用模板的目的就是能够让程序员编写与类型无关的代码,减少代码的重复度。C++中提供了标准模板库(STL),大大提高了编程效率。

3. 使用模板的注意点

模板的声明或定义只能在全局,命名空间或类范围内进行。即不能在局部范围、函数内进行,比如不能在 main 函数中声明或定义一个模板。

6.1.2 函数模板

1. 什么是函数模板?

将多个仅仅由于形参的类型不同的同名函数,将其类型参数化,就可以表示成一个函数模板,大大减少了代码的重复度。

2. 定义函数模板的语法格式

```
template <class 形参名,class 形参名,……>
返回类型 函数名(参数列表)
{
    //函数体;
}
```

其中 template 和 class 是关键字,class 可以用 typename 关键字代替,在这里 typename 和 class 没区别,<>括号中的参数叫模板形参,模板形参和函数形参很相像,模板形参不能为空。一旦声明了函数模板就可以用函数模板的形参名声明类中的成员变量和成员函数,即可以在该函数中使用内置类型的地方都可以使用模板形参名。模板形参需要调用该函数模板时提供的模板实参来初始化模板形参,一旦编译器确定了实际的模板实参类型就称他实例化了函数模板的一个实例。比如 swap 的函数模板形式为:

```
template <class T>
void swap(T& a, T& b){}
```

当调用这样的函数模板时类型 T 就会被调用时的类型所代替,比如 swap(a,b)其中 a 和 b 是 int 型,这时函数模板 swap 中的形参 T 就会被 int 所代替,函数模板就变为 swap(int &a, int &b)。而当 swap(c,d)其中 c 和 d 是 double 类型时,函数模板会被替换为 swap(double &a, double &b),这样就实现了函数的实现与类型无关的代码。

注意:对于函数模板而言不存在 h(int,int) 这样的调用,不能在函数调用的参数中指定模板形参的类型,对函数模板的调用应使用实参推演来进行,即只能进行 h(2,3) 这样的调用,或者 int a, b; h(a,b)。

例如:对于功能相同而只是参数类型不同的情况。

例如:

```
//1.cpp
#include <iostream>
using namespace std;
template<class T>
T max(T x,T y)
{
    return x>y? x:y;
}
int main()
{
    cout<<max(1,2)<<endl;
    cout<<max(1.1,2.2)<<endl;
    cout<<max('a','b')<<endl;
    return 0;
}
```

例 1.cpp 中定义一个对任何类型变量都可进行操作的函数,即函数模板,大大增强函数设计的通用性,减少代码的重复度。普通函数只能传递变量参数,而函数模板能够传递类型。

6.1.3　模板函数

当程序中说明了一个函数模板后,编译系统发现有一个对应的函数调用时,无需显式声明在套用模板时如何给定模板的参数类型,系统将根据实参中的类型来确认是否匹配函数模板中对应的形参,然后生成一个重载函数。该重载函数的定义体与函数模板的函数定义体相同,称为模板函数。

例如上例 1.cpp 中,max 函数的调用:

max(1,2),编译系统会自动生成一个重载函数,原型为 int max(int x,int y);

max(1.1,2.2),编译系统会自动生成一个重载函数,原型为 double max(double x,double y);

max('a','b'),编译系统会自动生成一个重载函数,原型为 char max(char x,char y);

函数模板是模板的定义,定义中用到通用类型参数。模板函数是函数的定义,它由编译系统在遇到具体函数调用时所生成,具有程序代码。所以模板函数是函数模板的实例。

6.1.4 函数模板和模板函数联系和区别

函数模板的定义体与模板函数的定义体相同,函数模板中形参表为某类型(不是具体哪种类型)的形参,而模板函数"形参表"中的类型则以"实参表"中的实际类型为依据。

函数模板形参只是说明形参,没有具体说明是哪种类型形参,所以函数模板不能直接执行,需要实例化为模板函数(即生成一个有具体类型的重载函数)后才能执行。当编译系统发现有一个函数调用"函数名(实参表)"时,将根据"实参表"中的实参的类型和已定义的函数模板生成一个重载函数,即模板函数。

例如:
```
#include <iostream>
using namespace std;
template<class T>                //函数模板 1
T max(T a,T b)
{
    return (a>b)? a:b;
}
int main()
{
    int a=1,b=2;
//系统根据实参类型,根据函数模板 1 生成相应的模板函数,进行调用
    cout<<"max(1,2)="<<max(a,b)<< endl;
}
运行结果:max(1,2)=2
```

6.1.5 类模板

1. 什么是类模板?

类模板定义只是对类的描述,它本身还不是一个实实在在的类,是类模板。类模板实际上是函数模板的推广。类模板仅针对数据成员和成员函数类型不同的类。

2. 类模板的一般格式
```
template <类型参数表>
class 类模板名
{
    private:
        //私有成员的定义
    protected:
        //保护成员的定义
    public:
        //公有成员的定义
```

};

〈类型形参表〉中可以包括一到若干个形参，这些形参即可以是"类型形参"，也可以是"表达式形参"。每个类型形参前必须加 class 或 typename 关键字，表示对类模板进行实例化时代表某种数据类型，也就是说，类型形参是在类模板实例化时传递数据类型用的；表达式形参的类型是某种具体的数据类型，当对类模板进行实例化时，给这些参数提供的是具体的数据，也就是说，表达式形参是用来传递具体数据的。当〈类型形参表〉中的参数有多个时，需要用逗号隔开。如：

template＜class a1,int a2,class a3＞

class myclass

{

    //类的定义体

};

此处定义的类模板名是 myclass，它有 3 个参数 a1 a2 a3，其中 a1 和 a3 是类型形参，在类模板实例化时用于传递数据类型，a2 是表达式形参，用于在类模板实例化时传递数据。

3. 类模板中成员函数的定义

类模板中成员函数可以放在类模板的定义体中（此时与类中的成员函数的定义方法一致）定义，也可以放在类模板的外部来定义，此时成员函数的定义格式如下：

template＜类型形参表＞

函数的返回类型 类模板名＜类型名表＞::成员函数（形参）

{

    //函数体；

}

其中：类模板名即类模板中定义的名称，类型名表即类模板定义中的＜类型形参表＞中的参数名。

比如有两个模板形参 T1,T2 的类 A 中含有一个 void h()函数，则定义该函数的语法为：

template＜class T1,class T2＞ void A＜T1,T2＞::h(){}

注意：当在类外面定义类的成员时 template 后面的模板形参应与要定义的类的模板形参一致。

6.1.6　模板类

1. 什么是模板类？

和函数模板类似，在说明了一个类模板之后，可以创建类模板的实例，即生成模板类。

2. 类模板对象的创建

类模板不能直接使用，必须先实例化为相应的模板类，定义模板类的对象后，才可使用。可以直接用"类模板名〈类型实参表〉对象名表；"方式创建类模板的实例。比如一个模板类 A，则使用类模板创建对象的方法为"A＜int＞ m;"在类 A 后面跟上一个＜＞尖括号并在里面填上相应的类型，这样类 A 中凡是用到模板形参的地方都会被 int 所代替。当类模板有两个模板形参时创建对象的方法为"A＜int, double＞ m;"，类型之间用逗号隔开。此处的＜类型实参表＞要与该类模板中的＜类型形参表＞匹配，也就是说，实例化中所用的实参必须和类模板中定义的形参具有同样的顺序和类型，否则会产生错误。

例如：

```
♯include <iostream>
using namespace std;
template<class T>        //类模板
class Vector
{
    T * data;
    int size;
public：
    Vector(int n);
    ~Vector(){delete []data;}
    T& operator[](int i){return data[i];}
};
template<class T>//类模板中成员函数的定义
Vector<T>::Vector(int n)
{
    data = new T[n];
    size = n;
}
int main()
{
    Vector<int> x(5) ;              //此处使用模板类
    for(int i=0;i<5;i++)
        x[i]=i;
    for( i=0;i<5;i++)
        cout<<x[i]<<' ';
    cout<<'\n';
    return 0;
}
```

运行结果：

0　1　2　3　4

6.1.7　类模板和模板类的区别

类模板是模板的定义，并不是一个实实在在的类，定义中用到通用类型参数；模板类是实实在在的类的定义，是类模板的实例。

6.1.8　类模板的默认模板类型形参

1. 类模板的类型形参的默认值

可以为类模板的类型形参提供默认值，但不能为函数模板的类型形参提供默认值。函数模板和类模板都可以为模板的非类型形参提供默认值。

类模板的类型形参默认值形式为：

template<class T1，class T2＝int> class A{};//为第二个模板类型形参 T2 提供 int 型的默认值。

类模板类型形参默认值和函数的默认参数一样，如果有多个类型形参则从第一个形参设定了默认值之后的所有模板形参都要设定默认值，例如：

template<class T1＝int，class T2>class A{};//是错误的，因为 T1 给出了默认值，而 T2 没有设定。

在类模板的外部定义类中的成员时 template 后的形参表应省略默认的形参类型。例如：

template<class T1，class T2＝int> class A{public：void h();};

定义方法为：

template<class T1,class T2> void A<T1,T2>::h(){}。

例如：

```
# include <iostream>
using namespace std;
//定义带默认类型形参的类模板。这里把 T2 默认设置为 int 型。
template<class T1,class T2＝int>
class CeilDemo
{
public：
    int ceil(T1,T2);
};
//在类模板的外部定义类中的成员时 template 后的形参表应省略默认的形参类型。
template<class T1,class T2>
int CeilDemo<T1,T2>::ceil(T1 a,T2 b)
{
    return a>>b;
}
void main()
{
    CeilDemo<int> cd;
    cout<<cd.ceil(8,2)<<endl;
}
```

运行结果：

2

注意：(1) 在类模板的外部定义类中的成员时 template 后的形参表应省略默认的形参类型，如果没有省略，不会出现编译错误而是提出警告。

(2) 类模板如果有多个类型形参，如果使用类型形参默认值则尽量放在参数列表的末尾。

例如：

```
# include <iostream>
```

```
using namespace std;
template<class T1=int,class T2=double,class T3=double>
class CeilDemo
{
    public:
        double ceil(T1,T2,T3);
};
template<class T1,class T2,class T3>
double CeilDemo<T1,T2,T3>::ceil(T1 a,T2 b,T3 c)
{
        return a+b+c;
}
void main()
{
        CeilDemo<int,double,double> cd;
        cout<<cd.ceil(2,3.1,4.1)<<endl;
}
```

运行结果：

9.2

2. 不能为函数模板的类型形参提供默认值

例如：

```
#include<iostream>
using namespace std;
template<class T1,class T2,class T3>
T1 sum(T1 a,T2 b,T3 c=int)
{
        return a+b+c;
}
void main()
{
    cout<<sum<double,double>(1.1,2.1,3)<<endl;
}
```

结果：程序出错

将上例第 4 行参数改成 T1 sum(T1 a,T2 b,T3 c)，运行结果就为 6.2。

6.1.9　标准模板库（STL）

STL，英文全称：Standard Template Library，是一个 C++软件库，也是 C++标准程序库的一部分。从根本上说，STL 是一些"容器"的集合，这些"容器"有 list，vector，set，map等，STL 也是算法和其他一些组件的集合。

STL 的目的是标准化组件，不用重新开发它们，可以使用这些现成的组件。STL 现在是

C++的一部分,被内建在编译器之内。

6.2 实验六 模板(建议实验学时 2 学时)

本实验巩固模板的概念,训练函数模板、模板函数、类模板、模板类的简单使用;熟悉 STL 的概念和基本使用。

实验内容如下:

1. 定义一个求任意两个具有相同类型的数中的较小值的函数模板,然后进行调用并完成相应的功能。

2. 分析以下程序中出现的错误,并改正。

```cpp
#include <iostream>
using namespace std;
template <class T>
T min(T a,T b)
{
  if(a<b)
    return a;
  else
    return b;
}
void main()
{
    int i1=10,i2=20;
    double d1=3.5,d2=-1.2;
    char c1='b',c2='x';
    cout<<min(i1,i2)<<endl;
    cout<<min(d1,d2)<<endl;
    cout<<min(c1,c2)<<endl;
    cout<<min(i1,c1)<<endl;
    cout<<min(i1,d1)<<endl;
}
```

3. 练习 STL 的一些用法。

6.3 习题

一、填空题

1. 利用模板功能可以构造相关的函数或类的系列,因此模板也可称为_____。

2. 使用模板可以减少代码的_____。

3. 当程序中说明了一个函数模板后,编译系统发现有一个对应的函数调用时,无需显式声明在套用模板时如何给定模板的参数类型,系统将根据实参中的_____来确认是否匹配函数模板中对应的形参,然后生成一个重载函数。该重载函数的定义体与函数模板的函数定义体相同,称为_____。

4. 定义模板的关键字为_____。

5. 将多个仅仅由于_____不同的同名函数,将其类型参数化,就可以表示成一个函数模板。

6. 和函数模板类似,在说明了一个类模板之后,可以创建类模板的实例,即生成_____。

7. 创建类模板的实例的语法格式为_____。

8. 标准模板库的英文缩写为_____。

二、选择题

1. 下列对模板的声明,正确的是(　　)。

A. template＜T＞

B. template＜class T1,T2＞

C. template＜class T1,class T2＞

D. template＜Class T1,class T2＞

2. 一个(　　)允许用户为定义一种模式,使得类中的某些数据成员及某些成员函数的返回值能取任意类型。

A. 函数模板　　　　　B. 模板函数　　　　　C. 类模板　　　　　D. 模板类

3. 类模板的模板参数(　　)。

A. 只可作为数据成员的类型

B. 只作为成员函数的返回类型

C. 只作为成员函数的参数类型

D. 以上三者皆可

4. 下列程序段中有错的是(　　)。

A. template＜Class Type＞

B. Type

C. func(Type a,b)

D. ｛return (a＞b)？(a):(b);｝

5. 模板是实现类属机制的一种工具,其功能非常强大,它既允许用户构造类属函数,即(　　);也允许用户构造类属类,即(　　)。

A. 模板函数　　　　　B. 函数模板　　　　　C. 模板类　　　　　D. 类模板

6. 类模板的使用实际上是将类模板实例化成一个具体的(　　)。

A. 类　　　　　B. 对象　　　　　C. 函数　　　　　D. 模板类

7. 关于函数模板,描述错误的是(　　)。

A. 函数模板必须由程序员程序化为可执行的函数模板

B. 函数模板的实例化由编译器实现

C. 一个类定义中,只要有一个函数模板,则这个类是类模板

D. 类模板的成员函数都是函数模板,类模板实例化后,成员函数也随之实例化

8. 下列的模板声明中,正确的是(　　)(多项选择)。

A. template＜typename T1,typename T2＞

B. template＜class T1,T2＞

C. template<class T1,class T2>

D. template <typename T1;typename T2>

9. 假设有函数模板定义如下:

Template <typename T>

Max(T a,T b,T &c)

{c=a+b;}

下列选项中正确的是( )(多项选择)。

A. float x,y;float z;Max(x,y,z);

B. int x,y,z;Max(x,y,z);

C. int x,y;float z;Max(x,y,z);

D. float x;int y,z;Max(x,y,z);

10. 关于模板,描述错误的是( )。

A. 一个普通基类不能派生类模板

B. 类模板从普通类派生,也可以从类模板派生

C. 根据建立对象时的实际数据类型,编译器把类模板实例化为模板类

D. 函数的类模板参数须通过构造函数实例化

11. 建立类模板对象的实例化过程为( )。

A. 基类派生类   B. 构造函数对象

C. 模板类对象   D. 模板类模板函数

12. 需要一种逻辑功能一样的函数,而编制这些函数的程序文本完全一样,区别只是数据类型不同。对于这种函数,下面不能用来实现这一功能的选项是( )。

A. 宏函数   B. 为各种类型都重载这一函数

C. 模板   D. 友元函数

三、编程题

1. 编程求某个数的绝对值。要求用模板实现。

2. 写一模板函数,求任意两个数之和,并在主函数(main)中进行显式和隐式调用。

第7章 C++的I/O系统

7.1 知识要点

本章主要介绍 C++中如何实现输入输出,以及如何对文件操作。

7.1.1 I/O流的概念

所谓流是指数据从一个位置流向另一个位置。

流是 C++为输入/输出提供的一组类,都放在流库中。流总是与某一设备相联系(例如,键盘、屏幕或硬盘等),通过使用流类中定义的方法,就可以完成对这些设备的输入/输出操作。一般,若要在流中存储数据,这个流为输出流;要从流中读取数据,这个流为输入流。有的流既是输入流,又是输出流。流类形成的层次结构就构成流类库,即流库。C++的输入输出流库不是语言的一部分,而是作为一个独立的函数库提供的。因此,在使用时需要包含相应的头文件。

输入流和输出流:在编写程序时,常要输入一些数据,在处理完数据之后,要把结果输出。C++没有专门的输入输出语句,输入输出都由流库来处理。通过输入流,用户可以从这些设备中读取数据;通过输出流则可以往设备中写数据。

输出流:用 cout 输出数据。实质上,cout 就是输出流类 ostream 的派生类预定义的一个对象。它与标准输出设备相联系,以便把数据送往屏幕显示。在 ostream 类中,重载了<<运算符,用来处理各种内部类型的输出,称为(向流中)插入,<<运算符内称为插入运算符。

输入流:C++也为输入定义了一个流类 istream。这个类重载了>>运算符,以便从设备中读取数据,称为(从流中)提取,>>运算符称为提取运算符。

7.1.2 输出流

1. 最重要的三个输出流

ostream

ofstream

ostringstream

2. ostream,预先定义的输出流对象

cout 标准输出。

cerr 标准错误输出,没有缓冲,发送给它的内容立即被输出。

clog 类似于 cerr,但是有缓冲,缓冲区满时被输出。

3. ofstream 类支持磁盘文件输出

如果在构造函数中指定一个文件名,当构造这个文件时该文件是自动打开的。

ofstream myFile("filename",iosmode);

也可以在调用默认构造函数之后使用 open 成员函数打开文件。

ofstream myFile; //声明一个静态输出文件流对象

myFile.open("filename",iosmode);　　　//打开文件,使流对象与文件建立联系

ofstream * pmyFile = new ofstream;　　　//建立一个动态的输出文件流对象

pmyFile->open("filename",iosmode);　　　//打开文件,使流对象与文件建立联系

4. 插入(<<)运算符

插入(<<)运算符是所有标准 C++数据类型预先设计的。用于传送字节到一个输出流对象。在 ostream 类中,重载了<<运算符,用来处理各种内部类型的输出,ostream 的定义放在 iostream.h 头文件中。

5. ios 类的格式控制函数

输入/输出的数据没有指定格式,它们都按缺省的格式输入/输出。然而,有时需要对数据格式进行控制。这时需利用 ios 类中定义的格式控制成员函数,通过调用它们来完成格式的设置。ios 类的格式控制函数如下:

（1）输出宽度控制

ios 的成员函数 width()是指定在输入/输出一个数字或串时,缓冲区可存储的最大字符数,在输入流中,常用他来防止缓冲区溢出。为了调整输出,可以通过在流中放入 setw 控制符或调用 width 成员函数为每个项指定输出宽度。setw 控制符后面会介绍。

例如:使用 width 控制输出宽度

```cpp
#include <iostream>
using namespace std;
void main()
{
    double values[] = {1.23,35.36,653.7,4358.24};
    for(int i=0;i<4;i++)
    {
        cout.width(10);
        cout << values[i] <<'\n';
    }
}
```

输出结果:

```
      1.23
     35.36
     653.7
   4358.24
```

（2）格式状态

在 ios 类中,定义了一个表示流状态的枚举,枚举中有各种标志,用它们进一步控制输入输出,在 ios 类中定义了几个成员函数,用来设置、读取和取消标志位:

long flags() const 返回当前的格式标志。

long flags(long newflag) 设置格式标志为 newflag,返回旧的格式标志。

long setf(long bits) 设置指定的格式标志位,返回旧的格式标志。

long setf(long bits,long field)将 field 指定的格式标志位置为 bits,返回旧的格式标志

long unsetf(long bits) 清除 bits 指定的格式标志位,返回旧的格式标志。

long fill(char c) 设置填充字符,缺省条件下是空格。

char fill( ) 返回当前填充字符。

int precision(int val) 设置精确度为 val,控制输出浮点数的有效位,返回旧值。

int precision( ) 返回旧的精确度值。

int width(int val) 设置显示数据的宽度(域宽),返回旧的域宽。

int width( )只返回当前域宽,缺省宽度为 0。这时插入操作能按表示数据的最小宽度显示数据。

例如:使用 * 填充:

```cpp
#include <iostream>
using namespace std;
void main()
{
    double values[]={1.23,35.36,653.7,4358.24};
    for(int i=0; i<4; i++)
    {
        cout.width(10);
        cout.fill('*');
        cout<<values[i]<<'\n';
    }
}
```

(3) 控制符

使用控制符,可以在插入和提取运算符的表达式中控制输入和输出的格式化。在程序中使用控制符必须包含头文件 iomanip. h。一般,预定义的控制符有以下几种:

dec 十进制的输入输出

hex 十六进制的输入输出

oct 八进制的输入输出

ws 提取空白字符

ends 输出一个 nul 字符

endl 输出一个换行字符,同时刷新流

flush 刷新流

resetiosflags(long) 请除特定的格式标志位

setiosflags(long) 设置特定的格式标志位

setfill(char) 设置填充字符

setprecision(int) 设置输出浮点数的精确度

setw(int) 设置域宽格式变量

例如:使用 setw 指定宽度

```cpp
#include <iostream>
```

```
#include <iomanip>
using namespace std;
void main()
{
    double values[]={1.23,35.36,653.7,4358.24};
    char * names[]={"Zoot","Jimmy","Al","Stan"};
    for(int i=0;i<4;i++)
      cout<<setw(6) <<names[i]
          <<setw(10)<<values[i]
          <<endl;
}
```

输出结果：

```
   Zoot        1.23
 Jimmy       35.36
     Al      653.7
   Stan     4358.24
```

例如：设置对齐方式：

```
#include <iostream>
#include <iomanip>
using namespace std;
void main()
{
    double values[]={1.23,35.36,653.7,4358.24};
    char * names[]={"Zoot","Jimmy","Al","Stan"};
    for(int i=0;i<4;i++)
      cout<<setiosflags(ios::left)
          <<setw(6) <<names[i]
          <<resetiosflags(ios::left)
          <<setw(10)<<values[i]
          <<endl;
}
```

输出结果：

```
Zoot          1.23
Jimmy        35.36
Al           653.7
Stan        4358.24
```

例如：控制输出精度

```
#include <iostream>
#include <iomanip>
using namespace std;
```

```
void main()
{
    double values[]={1.23,35.36,653.7,4358.24};
    char * names[]={"Zoot","Jimmy","Al","Stan"};
    cout<<setiosflags(ios::scientific);
    for(int i=0;i<4;i++)
      cout<<setiosflags(ios::left)
          <<setw(6) <<names[i]
          <<resetiosflags(ios::left)
          <<setw(10)<<setprecision(1)
          << values[i]<<endl;
}
```

输出结果：

Zoot 　　　1.2e0

Jimmy 　　3.5e1

Al 　　　　6.5e2

Stan 　　　4.4e3

6. 其他流函数

在 ios,istream 和 ostream 类中,还定义了若干输入输出函数,它们主要用于错误处理,流的刷新以及流输入输出方式的控制。

流的其他成员函数可以从流中插入字符串,对流进行无格式化的输出操作,以及直接控制对流的输出操作。

7.1.3　输入流

1. 重要的输入流类

istream 类最适合用于顺序文本模式输入。cin 是其派生类 istream_withassign 的对象。

ifstream 类支持磁盘文件输入。

istringstream 类支持字符串输入。

2. 输入流对象

如果在构造函数中指定一个文件名,在构造该对象时该文件便自动打开。

ifstream myFile("filename",iosmode);

在调用缺省构造函数之后使用 open 函数来打开文件。

ifstream myFile;//建立一个文件流对象

myFile. open("filename",iosmode); //打开文件"filename"

3. 提取运算符(>>)

提取运算符(>>),对于所有标准 C++数据类型都是预先设计好的。是从一个输入流对象获取字节最容易的方法。ios 类中的很多操纵符都可以应用于输入流。但是只有少数几个对输入流对象具有实际影响,其中最重要的是进制操纵符 dec、oct 和 hex。

4. 输入流成员函数

istream 类的成员函数,如下表 7-1 所示。

表 7 - 1 istream 类的成员函数及描述

返回类型	istream 类的成员	描述
int	get( )	读取并返回一个字符
istream&	get(char&c)	读取字符并存入 c 中
istream&	putback( )	将最近读取的字符放回流中
istream&	read(char * ,int)	读取规定长度的字符串到缓冲区中
int	peek( )	返回流中下一个字符,但不移动文件指针
istream&	seekg(streampos)	移动当前指针到一绝对地址
istream&	seekg(streampos,seek_dir)	移动当前指针到一相对地址
streampos	tellg( )	返回当前指针

7.1.4 文件流

1. C++I/O 流类的继承关系

如图 7-1 所示。

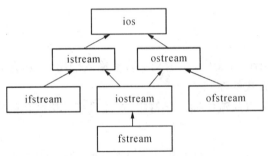

图 7 - 1 C++ I/O 流类的继承关系图

C++系统通过对流类进一步扩展,提供了支持文件 I/O 的能力,使得程序员在建立和使用文件时,就像使用 cin 和 cout 一样方便。fstream 类提供了文件处理所需的全部成员函数,在它的派生类中没有提供新的成员函数。ifstream 类用于文件的输入操作;ofstream 类用于文件的输出操作,fstream 类允许对文件进行输入/输出操作。这几个类同时继承了 ios 流类中定义的成员函数。使用这些类时,必须在程序中嵌入头文件 fstream. h 通过打开一个文件,可将一个流与一个文件相联结。

2. 文件的打开与关闭

在 C++中,打开一个文件就是将这个文件与一个流建立关联,关闭一个文件就是取消这种关联。要执行文件的输入/输出,必须做三件事:

(1) 在程序中包含头文件 ifstream. h

(2) 建立流。建立流的过程就是定义流类的对象,例如:

ifstream in;定义了输入流对象 in

ofstream   out;定义了输出流对象 out

fstream   io;定义了输入/输出流对象 io

(3) 使用 open( )函数打开文件,是某一文件与上面的某一流相联系。

open( )函数的原形为 void open(const unsigned char * ,int mod,int file_attrb);文件属性。取值为 0 代表普遍文件,1 为隐藏文件等,缺省值为 0。

打开的文件使用完毕,必须将它关闭,关闭文件使用 close( )函数,close( )函数也是流类中的成员函数。

例如:打开一输入文件。

ifstream input;

input. open("test1",ios::in,0);

例如:打开一输出文件。

ofstream output;

output. open("test2",ios::out,0);

例如:打开一输入/输出文件。

fstream both;

both. open("test",ios::in|ios::out,0);

可简化为:

fstream both("test",ios::in|ios::out,0);

例如:关闭文件:both. close( );

文件流成员函数 open()的格式如下所示:

void open(char * name,int mode,int file_attrb);

在这里 name 表示文件名,mode 值如表 7 - 2:

表 7 - 2　文件打开模式及描述

文件打开模式	描述
ios::app	所有数据以附加方式写到流
ios::ate	打开文件,并把文件指针移到文件尾
ios::in	为读打开文件
ios::out	为写打开文件
ios::trunc	如果文件存在,舍去文件内容
ios::nocreate	如果文件不存在,则失败
ios::noreplace	如果文件存在,则失败

3. 文件的读写

C++把文件看作是字符序列,即所谓流式文件。根据数据的组织形式,文件又可分为 ASCII 码文件和二进制文件两种。如果要进行文件的输入输出,必须先建立一个流,然后将这个流与文件相关联,即打开文件,此时才能进行读写操作,完成后再关闭这个文件。如果建立的文件是供人阅读的,它必须以文本方式打开,如果是供其他程序使用,则可以使用二进制文件或文本文件。

例如:向文件输出,即将某内容写入文件

#include <fstream>

using namespace std;

struct Date

```
{    int mo,da,yr;  };
void main()
{
    Date dt = {6,10,92};
    ofstream tfile("date.dat",ios::binary);
    tfile.write((char *) &dt,sizeof dt);
    tfile.close();
}
```

以通常方式构造一个流,然后使用 setmode 成员函数,在文件打开后改变模式。

使用 ofstream 构造函数中的模式变量指定二进制输出模式。

使用二进制操作符代替 setmode 成员函数:ofs << binary;。

4. 输出文件流成员函数

open 函数:把流与一个特定的磁盘文件关联起来,需要指定打开模式。

put 函数:把一个字符写到输出流中。

write 函数:把内存中的一块内容写到一个输出文件流中。

seekp 和 tellp 函数:操作文件流的内部指针。

close 函数:关闭与一个输出文件流关联的磁盘文件。

错误处理函数:在写到一个流时进行错误处理。

5. 输入文件流成员函数

open 函数:把该流与一个特定磁盘文件相关联。

get 函数:功能与提取运算符(>>)很相像,主要的不同点是 get 函数在读入数据时包括空白字符。

getline 函数:功能是从输入流中读取多个字符,并且允许指定输入终止字符,读取完成后,从读取的内容中删除终止字符。

read 成员函数:从一个文件读字节到一个指定的内存区域,由长度参数确定要读的字节数。

如果给出长度参数,当遇到文件结束或者在文本模式文件中遇到文件结束标记字符时结束读取。

seekg 函数:用来设置输入文件流中读取数据位置的指针。

tellg 函数:返回当前文件读指针的位置。

close 函数:关闭与一个输入文件流关联的磁盘文件。

6. 文件使用举例

例如:文件读二进制记录

```
# include <iostream>
# include <fstream>
# include <cstring>
using namespace std;
void main()
{
    struct
    {
```

```
            double salary;
            char name[23];
        } employee;
        ifstream is("payroll",ios::binary|ios::nocreate);
        if (is)
        {
            is.read((char *) &employee,sizeof(employee));
            cout<<employee.name<<' '<<employee.salary<<endl;
        }
        else
        { cout<<"ERROR：Cannot open file 'payroll'."<<endl;}
        is.close();
}
```

例如：利用 ofstream 中定义的"<<"运算符往文件中写入数据。

```
#include<iostream.h>
#include<fstream.h>
void main()
{
        ofstream my_file;
        my_file.open("hello.dat");
        my_file<<"Hello world.\n";
        my_file.close();
}
```

例如：利用 ifstream 中定义的">>"运算符从文件中读出数据。

```
#include<iostream.h>
#include<fstream.h>
void main()
{
        char string1[20],string2[20];
        ifstream my_file("hello.dat");
            my_file>>string1;
        my_file>>string2;
        cout<<string1<<" "<<string2<<"\n";
        my_file.close;
}
```

运行结果

Hello world

7.2　实验七　C++的 I/O 系统(建议实验学时 2 学时)

本实验训练流类库中常见类及其成员函数的用法,训练文件读写等各种操作的实现。

实验内容如下:

1. 使用 I/O 流以文本方式建立一个文件 test1.txt,写入字符"已成功写入文件!",用其他字处理程序(例如 Windows 的记事本程序 Notepad)打开,看看是否正确写入。

2. 编写程序,打开指定的一个文本文件,在每一行前加行号后将其输出到另一个文本文件中。

3. 定义一个 Dog 类,包含体重和年龄两个成员变量及相应的成员函数。声明一个实例 dog1,体重为 5,年龄为 10,使用 I/O 流把 dog1 的状态写入磁盘文件。再声明另一个实例 dog2,通过读文件把 dog1 的状态赋给 dog2。分别使用文本文件和二进制方式操作文件,看看结果有何不同;再看看磁盘文件的 ASCII 码有何不同。

7.3　习题

一、选择题

1. 当需要打开 A 盘上的 abc.txt 文件用于输入时,则定义文件流对象的语句为(　　)。

A. fstream fin("A:abc.txt");

B. ofstream fin("A:abc.txt");

C. ifstream fin("A:abc.txt",ios::app);

D. ifstream fin("A:abc.txt",ios::nocreate);

二、问答题

1. 什么叫做流? 流的提取和插入是指什么? I/O 流在 C++中起着怎样的作用?

2. cerr 和 clog 有何区别?

3. 使用 I/O 流以文本方式建立一个文件 test1.txt,写入字符"已成功写入文件!",用其他字处理程序(例如 windows 的记事本程序 Notepad)打开,看看是否正确写入。

4. 使用 I/O 流以文本方式打开上一题建立的文件 test1.txt,读出其内容显示出来,看看是否正确。

5. 使用 I/O 流以文本方式打开上题建立的文件 test1.txt,在此文件后面添加字符"已成功添加字符!",然后读出整个文件的内容显示出来,看看是否正确。

第 8 章　异常处理

8.1　知识要点

大中型系统开发时，经常涉及异常处理。本章主要介绍 C++程序的异常处理机制，介绍异常处理的声明和执行过程。主要掌握异常的抛出（throw），可能出现异常的地方（使用 try），以及异常的处理（catch）。

8.1.1　异常处理的基本思想

在程序可能出现异常的语句块部分，使用 try，例如网络连接，数据库连接，文件打开等可能出现问题的语句行。

如有异常，可以使用 throw 抛出，此时异常对象的类型决定异常处理中哪条 catch 语句的执行。

使用 catch 来处理异常。

8.1.2　C++异常处理的实现

1. 抛掷异常

throw　　表达式；

2. 捕获并处理异常的程序段

```
try
    //复合语句
catch(异常类型声明)
    //复合语句
catch(异常类型声明)
    //复合语句
    ...
```

若有异常则通过 throw 操作创建一个异常对象并抛掷。

将可能抛出异常的程序段嵌在 try 块之中。控制通过正常的顺序执行到达 try 语句，然后执行 try 块内的保护段。如果在保护段执行期间没有引起异常，那么跟在 try 块后的 catch 子句就不执行。程序从 try 块后跟随的最后一个 catch 子句后面的语句继续执行下去。catch 子句按其在 try 块后出现的顺序被检查。匹配的 catch 子句将捕获并处理异常（或继续抛掷异常）。如果匹配的处理器未找到，则运行函数 terminate 将被自动调用，其缺省功能是调用 a-bort 终止程序。

例如：除零异常

```
#include<iostream.h>
```

```
using name space std;
int Div(int x,int y);
void main()
{
    try
    {
        cout<<"5/2="<<Div(5,2)<<endl;
        cout<<"8/0="<<Div(8,0)<<endl;
        cout<<"7/1="<<Div(7,1)<<endl;
    }
    catch(int)
    {
        cout<<"except of deviding zero.\n"; }
        cout<<"that is ok.\n";
    }
    int Div(int x,int y)
    {
        if(y==0) throw y;
        return x/y;
    }
}
```

运行结果：

5/2=2

except of deviding zero.

that is ok.

分析：可以在函数的声明中列出这个函数可能抛掷的所有异常类型。

例如：

void fun() throw(A,B,C,D);

若无异常接口声明,则此函数可以抛掷任何类型的异常。

不抛掷任何类型异常的函数声明如下：

void fun() throw();

8.1.3 异常处理中的构造与析构

找到一个匹配的 catch 异常处理后：初始化参数。将从对应的 try 块开始到异常被抛掷处之间构造(且尚未析构)的,所有自动对象进行析构。从最后一个 catch 处理之后开始恢复执行。

例如：

```
#include <iostream>
using namespace std;
void MyFunc(void);
class Expt
```

```cpp
{
public：
    Expt(){};
    ~Expt(){};
    const char *ShowReason() const
    {
        return "Expt 类异常。";
    }
};
class Demo
{
public：
    Demo();
    ~Demo();
};
Demo::Demo()
{
    cout<<"构造 Demo."<<endl;
}
Demo::~Demo()
{
    cout<<"析构 Demo."<<endl;
}
void MyFunc()
{
    Demo D;
    cout<<"在 MyFunc()中抛掷 Expt 类异常。"<<endl;
    throw Expt();
}
int main()
{
    cout<<"在 main 函数中。"<<endl;
    try
    {
        cout<<"在 try 块中,调用 MyFunc()。" <<endl;
        MyFunc();
    }
    catch( Expt E )
    {
        cout<<"在 catch 异常处理程序中。"<<endl;
        cout<<"捕获到 Expt 类型异常:";
```

```
        cout<<E. ShowReason()<<endl;
    }
    catch( char * str )
    {cout<<"捕获到其他的异常:"<<str<<endl;}
        cout<<"回到 main 函数。从这里恢复执行。"<<endl;
    return 0;
}
```

运行结果：

在 main 函数中。

在 try 块中,调用 MyFunc()。

构造 Demo。

在 MyFunc()中抛掷 Expt 类异常。

析构 Demo。

在 catch 异常处理程序中。

捕获到 Expt 类型异常:Expt 类异常。

回到 main 函数。从这里恢复执行。

8.2　实验八　异常处理(建议实验学时 2 学时)

本实验加强理解 C++的异常处理机制,训练简单异常处理程序的编写。

实验内容如下：

1. 声明一个异常类 Cexception,有成员函数 Reason(),用来显示异常的类型,在子函数中触发异常,在主程序中处理异常,观察程序的执行流程。

2. 设计一个异常抽象类 Exception,在此基础上派生一个 OutOfMemory 类响应内存不足,一个 RangeError 类响应输入的数不在指定范围内,实现并测试这几个类。

8.3　习题

一、问答题

1. 什么叫做异常？ 什么叫做异常处理？

2. C++的异常处理机制有何优点？

3. 练习使用 try、catch 语句,在程序中用 new 分配内存时,如果操作未成功,则用 try 语句触发一个字符型异常,用 catch 语句捕获此异常。

4. 定义一个异常类 CException,有成员函数 Reason(),用来显示异常的类型,定义函数 fn1()触发异常,在主函数的 try 模块中调用 fn1(),在 catch 模块中捕获异常,观察程序的执行流程。

第二部分

C＋＋实验报告册

学 生 实 验 报 告 册

（理工类）

课程名称：＿＿＿＿＿＿＿＿　　专业班级：＿＿＿＿＿＿＿＿

学生学号：＿＿＿＿＿＿＿＿　　学生姓名：＿＿＿＿＿＿＿＿

所属院部：＿＿＿＿＿＿＿＿　　指导教师：＿＿＿＿＿＿＿＿

20＿＿——20＿＿学年　　　第＿＿学期

实验一　C++基础程序设计

实验项目名称：　C++基础程序设计　　　实验学时：　　4　　

同组学生姓名：　　　　　　　　　　　实验地点：　　　　　

实　验　日　期：　　　　　　　　　　实验成绩：　　　　　

批　改　教　师：　　　　　　　　　　批改时间：　　　　　

一、实验目的和要求

1. 了解 Visual C++6.0 或者 Visual C++ 2005 以上版本的特点。

2. 学会使用 Visual C++6.0 或者 Visual C++ 2005 以上版本的开发环境，来创建和调试标准的 C++控制台应用程序。

3. 学会使用 Visual C++6.0 或者 Visual C++ 2005 以上版本开发环境中的程序调试功能，例如单步执行、设置断点、观察变量值等。

4. 掌握 string 类型的用法。

5. 掌握 C++语言编程时输入和输出格式控制。

6. 掌握多文件结构的使用。

7. 掌握重载函数的使用。

二、实验设备和环境

1. 计算机每人一台。

2. 安装 Windows XP 或者以上版本操作系统。

3. 安装 Visual C++ 6.0 或者 Visual C++ 2005 以上版本。

三、实验内容及步骤

1. 给出 Visual C++调试一个简单应用程序的步骤，要求程序输出字符串"Hello! Welcome to C++"。

程序：

运行结果：

2. 调试以下程序,观察运行结果。

```cpp
#include<iostream>
using namespace std;
void main()
{
    int a,b=10;
    int &ra=a;
    a=20;
    cout<<a<<endl;
    cout<<ra<<endl;
    cout<<&a<<endl;
    cout<<&ra<<endl;
    ra=b;
    cout<<a<<endl;
    cout<<ra<<endl;
    cout<<b<<endl;
    cout<<&a<<endl;
    cout<<&ra<<endl;
    cout<<&b<<endl;
}
```

运行结果及结果分析:

3. 编写一程序,实现九九乘法表的 2 种格式输出,格式如下:

(1)

	1	2	3	4	5	6	7	8	9
1	1	2	3	4	5	6	7	8	9
2	2	4	6	8	10	12	14	16	18
3	3	6	.	.	.	.	.	.	.
4	4	8	.	.	.	.	.	.	.
5	5	10	.	.	.	.	.	.	.
6	6	.	.	.	.	.	.	.	.
7	7	.	.	.	.	.	.	.	.
8	8	.	.	.	.	.	.	.	.
9	9	.	.	.	.	.	.	.	.

(2)

	1	2	3	4	5	6	7	8	9
1	1								
2	2	4							
3	3	6	9						
4	4	8	12	16					
5	5	10	15	20	25				
6	6	12	18	24	30	36			
7	7	14	21	28	35	42	49		
8	8	16	24	32	40	48	56	64	
9	9	18	27	36	45	54	63	72	81

注:要求每种输出格式均写成函数形式。

程序:

运行结果：

4. 将第 3 题改成多文件结构实现。要求该工程中有 3 个 .cpp 文件，1 个 .h 文件。

程序：

5. 编程实现比较两个数的大小,求较大值(要求使用重载函数实现)。

程序:

运行结果:

6. 编写一个程序,判定一个字符串是否为另一个字符串的子串,若是,返回字串在主串中的位置。要求不使用 strstr 函数,自己编写一个子函数实现。(建议使用 string 类型,而非字符数组。)

程序:

运行结果:

四、实验体会

实验二　类与对象

实验项目名称：＿＿类与对象＿＿　　实验学时：＿＿4＿＿

同组学生姓名：＿＿＿＿＿＿＿＿　　实验地点：＿＿＿＿＿

实　验　日　期：＿＿＿＿＿＿＿＿　　实验成绩：＿＿＿＿＿

批　改　教　师：＿＿＿＿＿＿＿＿　　批改时间：＿＿＿＿＿

一、实验目的和要求

1. 掌握类和对象的概念、定义方法以及类与对象的简单用法。

2. 掌握成员函数的实现与调用方法。

3. 深刻领会类与对象的区别。

4. 理解类实现数据隐藏和封装的原理。

5. 掌握构造函数、拷贝构造函数、析构函数的定义和使用，尤其注意组合类中它们的调用顺序。

二、实验设备和环境

1. 计算机每人一台。

2. 安装 Windows XP 或者以上版本操作系统。

3. 安装 Visual C++ 6.0 或者 Visual C++ 2005 以上版本。

三、实验内容与步骤

1. 用面向对象的程序设计方法实现栈的操作。栈又叫堆栈，是一种常用的数据结构，它是一种运算受限的线性表，仅允许在表的一端进行插入和删除运算，是一种后进先出表。

提示：栈用一维整型数组来表示，栈的大小定义为 10；栈定义为一个类 stack；实现栈的创建、进栈和出栈、栈的消亡。进栈函数：void push(int n)；出栈函数：int pop(void)；

程序：

运行结果：

2. 将第 1 题中的实验内容改为多文件结构实现。

程序：

3. 设计一个用于人事管理的 People(人员)类。考虑到通用性,这里只抽象出所有类型人员都具有的属性:number(编号)、sex(性别)、birthday(出生日期)、id(身份证号)等。其中"出生日期"声明为一个"日期"类内嵌子对象。用成员函数实现对人员信息的录入和显示。要求包括:构造函数和析构函数、拷贝构造函数、内联成员函数、组合类等。

程序:

运行结果:

4. 设计一个计算薪水的类 Payroll，它的数据成员包括：单位小时的工资、已经工作的小时数、本周应付工资数。在主函数中定义一个具有 10 个元素的对象数组(代表 10 个雇员)(可以定义普通对象数组，也可以定义堆对象数组)。程序询问每个雇员本周已经工作的小时数，然后显示应得的工资。要求：输入有效性检验：每个雇员每周工作的小时数不能大于 60，同时也不能为负数。

程序：

运行结果：

四、实验体会

实验三　静态成员与友元

实验项目名称：<u>　静态成员与友元　</u>　实验学时：<u>　　2　　</u>

同组学生姓名：<u>　　　　　　　　　</u>　实验地点：<u>　　　　　　</u>

实　验　日　期：<u>　　　　　　　　　</u>　实验成绩：<u>　　　　　　</u>

批　改　教　师：<u>　　　　　　　　　</u>　批改时间：<u>　　　　　　</u>

一、实验目的和要求

1. 掌握类中静态成员的定义的方法。

2. 掌握静态数据成员初始化的方法。

3. 掌握静态数据成员和静态函数成员的访问和使用方法。

4. 掌握友元函数的定义和使用方法。

5. 了解友元类的使用方法

二、实验设备和环境

1. 计算机每人一台。

2. 安装 Windows XP 或者以上版本操作系统。

3. 安装 Visual C++ 6.0 或者 Visual C++ 2005 以上版本。

三、实验内容及步骤

1. 任意输入 10 个数，计算其总和及平均值。设计程序测试该功能（要求用类、静态成员实现）。

程序：

运行结果：

2. 求两点之间的距离(要求定义点 Point 类,并用友元函数实现)。

运行结果：

3. 定义一个经理类 Manager,其成员数据包括编号 id、姓名 name 和年龄 age,均声明为 private 访问属性。再定义一个员工类 Employee,其成员数据及其访问属性与经理类相同。将 Manager 类声明为 Employee 类的友元类,并在 Manager 类中定义一个函数访问 Employee 类的私有数据成员并进行输出。

程序:

运行结果:

四、实验体会

实验四　继承与派生

实验项目名称：＿＿继承与派生＿＿　实验学时：＿＿4＿＿

同组学生姓名：＿＿＿＿＿＿　实验地点：＿＿＿＿＿

实　验　日　期：＿＿＿＿＿＿　实验成绩：＿＿＿＿＿

批　改　教　师：＿＿＿＿＿＿　批改时间：＿＿＿＿＿

一、实验目的和要求

1. 掌握利用单继承和多重继承的方式定义派生类的方法。
2. 理解在各种继承方式下构造函数和析构函数的执行顺序。
3. 理解和掌握 public、protected、private 对基类成员的访问机制。
4. 理解虚基类的概念，引入虚基类的目的和作用。
5. 理解在虚基类时的构造函数和析构函数的执行顺序。

二、实验设备和环境

1. 计算机每人一台。
2. 安装 Windows XP 或者以上版本操作系统。
3. 安装 Visual C++ 6.0 或者 Visual C++ 2005 以上版本。

三、实验内容及步骤

1. 分析以下程序，写出运行结果。

```cpp
#include<iostream>
using namespace std;
class Base
{
public:
    Base() {cout<<"执行基类构造函数"<<endl;}
    ~Base() {cout<<"执行基类析构函数"<<endl;}
};
class Derive:public Base
{
public:
    Derive() {cout<<"执行派生类构造函数"<<endl;}
    ~Derive() {cout<<"执行派生类析构函数"<<endl;}
};
viod main()
{
    Derive d;
```

```
}
```
运行结果：

2. 分析以下程序，写出运行结果。
```cpp
#include<iostream.h>
class Base
{
public：
    Base() {cout<<"基类构造函数"<<endl;}
    ~Base() {cout<<"基类析构函数"<<endl;}
};
class Derive:public Base
{
public：
    Derive() {cout<<"派生类构造函数"<<endl;}
    ~Derive() {cout<<"派生类析构函数"<<endl;}
};
void main()
{
    Derive * p=new Derive;
    Delete  p;
}
```
运行结果：

3. 求一个三角形物体的面积,同时求一个圆形物体的面积(要求使用继承)。

程序:

运行结果:

4. 一个三口之家,大家知道父亲会开车,母亲会唱歌。但其父亲还会修电视机,只有家里人知道。小孩既会开车又会唱歌,甚至也会修电视机。母亲瞒着任何人在外面做小工以补贴家用。此外小孩还会打乒乓球。

编写程序输出这三口之家一天从事的活动:先是父亲出去开车,然后母亲出去工作(唱歌),母亲下班后去做两个小时的小工。小孩在俱乐部打球,在父亲回家后,开车玩,后又高兴地唱歌。晚上,小孩和父亲一起修电视机。

程序:

运行结果:

5. 设计定义一个哺乳动物类 Mammal,再由此派生出狗类 Dog 和猪类 Pig,从狗类 Dog 和猪类 Pig 又派生出 PigDog 类。定义一个 PigDog 类的对象,观察基类与各派生类的构造函数和析构函数的调用顺序。

程序:

运行结果:

四、实验体会

实验五　多态性

实验项目名称：＿＿＿＿多态性＿＿＿＿　实验学时：＿＿4＿＿

同组学生姓名：＿＿＿＿＿＿＿＿＿　实验地点：＿＿＿＿＿

实　验　日　期：＿＿＿＿＿＿＿＿＿　实验成绩：＿＿＿＿＿

批　改　教　师：＿＿＿＿＿＿＿＿＿　批改时间：＿＿＿＿＿

一、实验目的和要求

1. 加深理解继承和多继承的概念、应用等。

2. 掌握虚函数的定义方法，以及在实现多态性中的作用；理解掌握实现动态多态性的前提条件，理解静态多态性和动态多态性的区别。

3. 理解运算符重载的概念和实质；掌握运算符重载函数的定义方法；掌握运算符重载为类的成员函数和友元函数的方法；掌握几种常用运算符的重载，用来解决问题。

二、实验设备和环境

1. 计算机每人一台。

2. 安装 Windows XP 或者以上版本操作系统。

3. 安装 Visual C++ 6.0 或者 Visual C++ 2005 以上版本。

三、实验内容及步骤

1. 利用虚函数实现的多态性来求四种几何图形的面积。这四种几何图形是：三角形、矩形、正方形和圆。

程序：

运行结果：

2. 声明 Point 类,有坐标_x,_y 两个成员变量;对 Point 类重载"++"(自增)、"−−"(自减)运算符,实现对坐标值的改变。

程序:

运行结果:

3. 定义一个复数类,通过重载运算符: * , / ,直接实现两个复数之间的乘除运算。编写一个完整的程序,测试重载运算符的正确性。要求乘法"*"用友元函数实现重载,除法"/"用成员函数实现重载。

程序:

运行结果:

4. 在第 3 题基础上,增加重载复数的加法和减法运算符的功能,实现两个复数的加法,一个复数与一个实数的加法;两个复数的减法,一个复数与一个实数的减法。用成员函数实现加法运算符的重载,用友元函数实现减法运算符的重载。

要求:自己设计主函数,完成程序的调试工作。

程序:

运行结果:

四、实验体会

实验六　模板

实验项目名称：＿＿＿模板＿＿＿　　实验学时：＿＿＿2＿＿＿

同组学生姓名：＿＿＿＿＿＿＿　　实验地点：＿＿＿＿＿＿

实　验　日　期：＿＿＿＿＿＿＿　　实验成绩：＿＿＿＿＿＿

批　改　教　师：＿＿＿＿＿＿＿　　批改时间：＿＿＿＿＿＿

一、实验目的和要求

1. 掌握模板、函数模板、模板函数、类模板、模板类的概念和简单使用。

2. 了解 STL 的概念。

二、实验设备和环境

1. 计算机每人一台。

2. 安装 Windows XP 或者以上版本操作系统。

3. 安装 Visual C++ 6.0 或者 Visual C++ 2005 以上版本。

三、实验内容及步骤

1. 定义一个求任意两个具有相同类型的数中的较小值的函数模板，然后进行调用并完成相应的功能。

程序：

运行结果：

2. 分析以下程序中出现的错误，并改正。

```cpp
#include <iostream>
using namespace std;
template <class T>
T min(T a,T b)
{
    if(a<b)
        return a;
    else
        return b;
}
void main()
{
    int i1=10,i2=20;
    double d1=3.5,d2=-1.2;
    char c1='b',c2='x';
    cout<<min(i1,i2)<<endl;
    cout<<min(d1,d2)<<endl;
    cout<<min(c1,c2)<<endl;
    cout<<min(i1,c1)<<endl;
    cout<<min(i1,d1)<<endl;
}
```

改正后程序：

3. 练习 STL 的一些用法。

四、实验体会

实验七　C++的I/O系统

实验项目名称:C++的I/O系统　　　实验学时:_____2_____

同组学生姓名:_____　实验地点:_____

实　验　日　期:_____　实验成绩:_____

批　改　教　师:_____　批改时间:_____

一、实验目的和要求

1. 熟悉流类库中常用的类及其成员函数的用法。

2. 学习标准输入输出及格式控制。

3. 学习对文件的应用方法。

二、实验设备和环境

1. 计算机每人一台。

2. 安装 Windows XP 或者以上版本操作系统。

3. 安装 Visual C++ 6.0 或者 Visual C++ 2005 以上版本。

三、实验内容及步骤

1. 使用 I/O 流以文本方式建立一个文件 test1. txt,写入字符"已成功写入文件!",用其他字处理程序(例如 Windows 的记事本程序 Notepad)打开,看看是否正确写入。

程序:

运行结果描述:

2. 编写程序,打开指定的一个文本文件,在每一行前加行号后将其输出到另一个文本文件中。

程序:

运行结果描述:

3. 定义一个 Dog 类,包含体重和年龄两个成员变量及相应的成员函数。声明一个实例 dog1,体重为 5,年龄为 10,使用 I/O 流把 dog1 的状态写入磁盘文件。再声明另一个实例 dog2,通过读文件把 dog1 的状态赋给 dog2。分别使用文本文件和二进制方式操作文件,看看结果有何不同;再看看磁盘文件的 ASCII 码有何不同。

程序:

运行结果描述:

四、实验体会

实验八　异常处理

实验项目名称：　<u>异常处理</u>　　　实验学时：　<u>　2　</u>

同组学生姓名：<u>　　　　　　</u>　　实验地点：<u>　　　　　</u>

实　验　日　期：<u>　　　　　　</u>　　实验成绩：<u>　　　　　</u>

批　改　教　师：<u>　　　　　　</u>　　批改时间：<u>　　　　　</u>

一、实验目的和要求

1. 正确理解 C++的异常处理机制。

2. 学习异常处理的声明和执行过程。

二、实验设备和环境

1. 计算机每人一台。

2. 安装 Windows XP 或者以上版本操作系统。

3. 安装 Visual C++ 6.0 或者 Visual C++ 2005 以上版本。

三、实验内容及步骤

1. 声明一个异常类 Cexception,有成员函数 Reason(),用来显示异常的类型,在子函数中触发异常,在主程序中处理异常,观察程序的执行流程。

程序：

运行结果：

2. 设计一个异常抽象类 Exception，在此基础上派生一个 OutOfMemory 类响应内存不足，一个 RangeError 类响应输入的数不在指定范围内，实现并测试这几个类。

程序：

运行结果：

四、实验体会

参考文献

［1］郑莉等.C++语言程序设计(第 3 版)学生用书.北京:清华大学出版社,2005,10.

［2］陈志泊.C++语言例题习题及实验指导.北京:人民邮电出版社,2003,6.

［3］David Musser and Atul Saini. The STL Tutorial and Reference Guide. Addison Wesley,1996.

［4］Bjarne Stroustrup. The C++ Programming Language 3e. Addison Wesley,1997.

［5］钱能.C++程序设计教程.北京:清华大学出版社,1999.

［6］李春葆.C++程序设计导学.北京:清华大学出版社,2002.

图书在版编目(CIP)数据

面向对象程序设计(C++)实验指导/李尤丰,李勤
丰主编. 一南京:南京大学出版社,2014.1(2014.12 重印)
应用型本科院校"十二五"规划教材
ISBN 978-7-305-11932-3

Ⅰ.①面… Ⅱ.①李… ②李… Ⅲ.①C 语言-
程序设计-高等学校-教材 Ⅳ.①TP312

中国版本图书馆 CIP 数据核字(2013)第 179907 号

出版发行	南京大学出版社
社 址	南京市汉口路 22 号 　　邮 编 210093
出版人	金鑫荣

丛 书 名	应用型本科院校"十二五"规划教材
书 名	**面向对象程序设计(C++)实验指导**
主 编	李尤丰 李勤丰
责任编辑	邓海琴 单 宁 　　编辑热线 025-83596923

照 排	江苏南大印刷厂
印 刷	盐城市华光印刷厂
开 本	787×1 092 1/16 印张 12.25 字数 313 千
版 次	2014 年 1 月第 1 版 2014 年 12 月第 2 次印刷
ISBN	978-7-305-11932-3
定 价	28.00 元

网 址	http://www.njupco.com
官方微博	http://weibo.com/njupco
官方微信号	njupress
销售咨询热线	(025)83594756